ENSINO MÉDIO
Cadernos do
Mathema

AUTORAS

Kátia Cristina Stocco Smole
Coordenadora do Grupo Mathema de formação e pesquisa
Mestre em Educação, área de Ciências e Matemática, pela FEUSP
Doutora em Educação, área de Ciências e Matemática, pela FEUSP

Maria Ignez de Souza Vieira Diniz
Coordenadora do Grupo Mathema de formação e pesquisa
Profa. Dra. do Instituto de Matemática e Estatística da USP

Neide Pessoa
Pesquisadora do Grupo Mathema de formação e pesquisa
Pós-graduada em Educação Matemática pela PUCSP
Bacharel e Licencianda em Matemática pela UNISA

Cristiane Ishihara
Pesquisadora do Grupo Mathema de formação e pesquisa
Mestre em Educação, área de Ciências e Matemática, pela FEUSP
Licenciada em Matemática pelo IME-USP

S666j   Smole, Kátia Stocco
          Jogos de matemática : de 1º a 3º ano / Kátia Stocco Smole, Maria Ignez Diniz, Neide Pessoa, Cristiane Ishihara. – Porto Alegre : Artmed, 2008.
          120 p. ; 23 cm. – (Cadernos do Mathema – Ensino médio)

          ISBN 978-85-363-1470-9

          1. Matemática – Jogos. I. Diniz, Maria Ignez. II. Pessoa, Neide. III. Ishihara, Cristiane. IV. Título.

          CDU 51-8

Catalogação na publicação: Mônica Ballejo Canto – CRB 10/1023

ENSINO MÉDIO

Cadernos do Mathema

Jogos de matemática
de 1º a 3º ano

Kátia Stocco Smole
Maria Ignez Diniz
Neide Pessoa
Cristiane Ishihara

Reimpressão 2009

artmed®

2008

© Artmed Editora S.A., 2008.

Capa:
Tatiana Sperhacke

Preparação do original
Elisângela Rosa dos Santos

Supervisão editorial
Mônica Ballejo Canto

Projeto gráfico
Editoração eletrônica   **artmed®**
                          EDITO**g**RÁFICA

Reservados todos os direitos de publicação, em língua portuguesa, à
ARTMED® EDITORA S.A.
Av. Jerônimo de Ornelas, 670 - Santana
90040-340 Porto Alegre RS
Fone (51) 3027-7000 Fax (51) 3027-7070

É proibida a duplicação ou reprodução deste volume, no todo ou em parte,
sob quaisquer formas ou por quaisquer meios (eletrônico, mecânico, gravação,
fotocópia, distribuição na Web e outros), sem permissão expressa da Editora.

SÃO PAULO
Av. Angélica, 1091 - Higienópolis
01227-100 São Paulo SP
Fone (11) 3665-1100 Fax (11) 3667-1333

SAC 0800 703-3444

IMPRESSO NO BRASIL
PRINTED IN BRAZIL
Impresso sob demanda na Meta Brasil a pedido de Grupo A Educação.

Apresentação Cadernos do Mathema – Ensino Médio

Uma das características do trabalho da equipe do Mathema é que nossas ações desenvolvem-se em boa parte nas escolas, junto a alunos e professores. Por isso, ao longo da nossa atuação na formação continuada de professores, e devido aos estudos e às pesquisas que essa atuação gerou, foram muitas as perguntas que investigamos e diversos os recursos que estudamos como forma de desenvolver um melhor processo de ensino e aprendizagem da matemática escolar. Cadernos do Mathema – Ensino Médio é fruto desse processo.

A proposta dos cadernos que agora apresentamos é trazer, de forma organizada, algumas ideias e alguns estudos que fizemos sobre recursos e temas que fazem parte do currículo de matemática no ensino médio.

Os temas escolhidos para os cadernos são variados, abordados de maneira independente uns dos outros e guardam entre si apenas a relação de dois pressupostos básicos de nosso trabalho, quais sejam a perspectiva metodológica da resolução de problemas e a preocupação de fazer uso de processos de comunicação nas aulas de matemática, de forma a desenvolver a leitura e a escrita em matemática como habilidades indispensáveis no ensino e na aprendizagem dessa disciplina.

Cada caderno apresenta uma breve introdução que situa o tema sob nosso ponto de vista, seguida de sugestões de atividades. Cada uma das atividades traz a série mais indicada para ser desenvolvida, os objetivos da proposta, os materiais e recursos que são necessários para que ela se desenvolva e algumas sugestões para sua exploração em sala de aula.

Certas atividades aparecem como uma sequência, mas a maioria delas pode ser desenvolvida de modo independente e no momento em que você, professor, julgar mais adequado em relação ao seu planejamento.

Com essa nova série de publicações, desejamos partilhar mais algumas das reflexões que temos feito e colocar à sua disposição recursos para ajudá-lo a tornar sua aula ainda mais diversificada com situações que desafiem e envolvam seus alunos na aprendizagem significativa da matemática.

Agradecemos a colaboração dos professores e professoras das seguintes escolas: Escola Estadual Professor Alberto Salotti, Colégio Miguel de Cervantes, Colégio Visconde de Porto Seguro Unidade Valinhos e Colégio Marista Nossa Senhora da Glória.

Kátia Stocco Smole
Maria Ignez Diniz
Coordenadoras do Mathema

Sumário

Apresentação Cadernos do Mathema – Ensino Médio v

1 Os jogos nas aulas de matemática do ensino médio 09
O jogo entre o lúdico e o formativo 10
O jogo e sua função de socialização 11
O sentido da palavra jogo neste caderno 11
O jogo e a resolução de problemas 13
Os jogos e o desenvolvimento de competências 14
Formas de propor e explorar os jogos nas aulas de matemática 17
Planejando o trabalho com os jogos 19
Como usar este caderno 26
Para fechar esta conversa 27

2 Jogos envolvendo trigonometria 29
Batalha naval circular 31
Batalha trigonométrica 35
Trigonometrilha 39

3 Jogos envolvendo geometria 45
Jogo dos poliedros 47
Cara a cara de poliedros 53
Capturando pontos 59

4 Jogos envolvendo números ou funções 63
   Labirinto 65
   Contando pontos 71
   Comando 75
   Enigma de funções 81
   Família de funções 93
   Passe ou compre 99

5 A elaboração de jogos pelos alunos 109

   Referências 115

Os Jogos nas Aulas de Matemática do Ensino Médio

A utilização de jogos na escola não é algo novo, assim como é bastante conhecido o seu potencial para o ensino e a aprendizagem em muitas áreas do conhecimento.

Em se tratando de aulas de matemática, o uso de jogos implica uma mudança significativa nos processos de ensino e aprendizagem que permite alterar o modelo tradicional de ensino, que muitas vezes tem no livro e em exercícios padronizados seu principal recurso didático. O trabalho com jogos nas aulas de matemática, quando bem planejado e orientado, auxilia o desenvolvimento de habilidades como observação, análise, levantamento de hipóteses, busca de suposições, reflexão, tomada de decisão, argumentação e organização, as quais são estreitamente relacionadas ao assim chamado *raciocínio lógico*.

As habilidades desenvolvem-se porque, ao jogar, os alunos têm a oportunidade de resolver problemas, investigar e descobrir a melhor jogada; refletir e analisar as regras, estabelecendo relações entre os elementos do jogo e os conceitos matemáticos. Podemos dizer que o jogo possibilita uma situação de prazer e aprendizagem significativa nas aulas de matemática.

Além disso, o trabalho com jogos é um dos recursos que favorece o desenvolvimento da linguagem, diferentes processos de raciocínio e de interação entre os alunos, uma vez que durante um jogo cada jogador tem a possibilidade de acompanhar o trabalho de todos os outros, defender pontos de vista e aprender a ser crítico e confiante em si mesmo. Contudo, há outros aspectos sobre os quais julgamos importante refletir ao propor os jogos de forma constante nas aulas de matemática no ensino médio e que destacamos a seguir.

O JOGO ENTRE O LÚDICO E O FORMATIVO

Uma das fases escolares que menos utiliza jogos nas aulas de matemática é, sem dúvida, o ensino médio. De fato, o sistema educativo de modo geral oferece resistência a esse recurso devido a uma crença bastante difundida na sociedade de que a matemática constitui-se em uma disciplina séria, enquanto a utilização de jogos supõe introduzir nas aulas dessa disciplina um componente divertido, o que comprometeria tal seriedade.

Assim, o jogo na escola foi muitas vezes negligenciado por ser visto como uma atividade de descanso ou apenas como um passatempo. Embora esse aspecto possa ter lugar em algum momento, não é essa a ideia de ludicidade sobre a qual organizamos nossa proposta, porque esse viés tira a possibilidade de um trabalho rico, que estimula as aprendizagens e o desenvolvimento de habilidades matemáticas por parte dos alunos.

Todo jogo por natureza desafia, encanta, traz movimento, barulho e uma certa alegria para o espaço no qual normalmente entram apenas o livro, o caderno e o lápis. Essa dimensão não pode ser perdida apenas porque os jogos envolvem conceitos de matemática. Ao contrário, ela é determinante para que os alunos sintam-se chamados a participar das atividades com interesse.

Por sua dimensão lúdica, o jogar pode ser visto como uma das bases sobre a qual se desenvolve o espírito construtivo, a imaginação, a capacidade de sistematizar e abstrair e a capacidade de interagir socialmente. Isso ocorre porque entendemos que a dimensão lúdica envolve desafio, surpresa, possibilidade de fazer de novo, de querer superar os obstáculos iniciais e o incômodo por não controlar todos os resultados. Esse aspecto lúdico faz do jogo um contexto natural para o surgimento de situações-problema cuja superação exige do jogador alguma aprendizagem e certo esforço na busca por sua solução.

Hoje já sabemos que, associada à dimensão lúdica, está a dimensão educativa do jogo. Uma das interfaces mais promissoras dessa associação diz respeito à consideração dos erros. O jogo reduz a consequência dos erros e dos fracassos do jogador, permitindo que ele desenvolva iniciativa, autoconfiança e autonomia. No fundo, o jogo é uma atividade séria que não tem consequências frustrantes para quem joga, no sentido de ver o erro como algo definitivo ou insuperável.

No jogo, os erros são revistos de forma natural na ação das jogadas, sem deixar marcas negativas, mas propiciando novas tentativas, estimulando previsões e checagem. O planejamento de melhores jogadas e a utilização de conhecimentos adquiridos anteriormente propiciam a aquisição de novas ideias e novos conhecimentos.

Por permitir ao jogador controlar e corrigir seus erros, seus avanços, assim como rever suas respostas, o jogo possibilita a ele descobrir onde falhou ou teve sucesso e os motivos pelos quais isso ocorreu. Essa consciência permite compreender o próprio processo de aprendizagem e desenvolver a autonomia para continuar aprendendo.

Por fim, é exatamente essa dimensão lúdica do jogo que pode auxiliar na superação de uma das maiores preocupações dos professores do ensino médio em relação aos seus alunos, qual seja, a mudança de atitudes no que diz respeito à matemática para torná-las mais positivas.

O JOGO E SUA FUNÇÃO DE SOCIALIZAÇÃO

Um dos pressupostos do trabalho que desenvolvemos é a interação entre os alunos. Acreditamos que, na discussão com seus pares, o aluno pode desenvolver seu potencial de participação, cooperação, respeito mútuo e crítica. Como sabemos, no desenvolvimento do aluno as ideias dos outros são importantes porque promovem situações que o levam a pensar criticamente sobre as próprias ideias em relação às dos outros.

É por meio da troca de pontos de vista com outras pessoas que o aluno vai descentrando-se, isto é, ele passa a pensar sob outra perspectiva e, gradualmente, a coordenar seu próprio modo de ver com outras opiniões.

Podemos mesmo afirmar que, sem a interação social, a lógica de uma pessoa não se desenvolveria plenamente, porque é nas situações interpessoais que ela se sente obrigada a ser coerente. Sozinha poderá dizer e fazer o que quiser pelo prazer e pela contingência do momento, mas em grupo, diante de outras pessoas, ela sentirá a necessidade de pensar naquilo que dirá, que fará, para que possa ser compreendida.

Em situação de cooperação – aqui entendida como cooperar, operar junto, negociar para chegar a algum acordo que pareça adequado a todos os envolvidos –, a obrigação é considerar todos os pontos de vista, ser coerente, racional, justificar as próprias conclusões e ouvir o outro. É nesse processo que se dá a negociação de significados e que se estabelece a possibilidade de novas aprendizagens.

Com relação ao trabalho com a matemática, temos defendido a ideia de que há um ambiente a ser criado na sala de aula que se caracterize pela proposição, investigação e exploração de diferentes situações-problema por parte dos alunos. Também temos afirmado que a interação entre os alunos, a socialização de procedimentos encontrados para solucionar uma questão e a troca de informações são elementos indispensáveis em uma proposta que visa uma aprendizagem significativa da matemática. Em nossa opinião, o jogo é uma das formas mais adequadas para que a socialização ocorra e permita aprendizagens.

O SENTIDO DA PALAVRA JOGO NESTE CADERNO

Jogos de faz de conta, jogos individuais, brincadeiras... São tantos e tão variados os sentidos que a palavra jogo assume na escola, que caracterizar o que é jogo não é tarefa fácil. Por isso, ao longo de todo o nosso trabalho, estudando e refletindo a respeito daqueles significados que atendiam às necessidades de aprendizagem pelo jogo em aulas de matemática, escolhemos dois referenciais básicos, quais sejam, Kamii (1991) e Krulik (1997). Desses dois autores depreendemos que:

- o jogo deve ser para dois ou mais jogadores, sendo, portanto, uma atividade que os alunos realizam juntos;

- o jogo deverá ter um objetivo a ser alcançado pelos jogadores, ou seja, ao final, haverá um vencedor;
- o jogo deverá permitir que os alunos assumam papéis interdependentes, opostos e cooperativos, isto é, os jogadores devem perceber a importância de cada um na realização dos objetivos do jogo, na execução das jogadas, e observar que um jogo não se realiza a menos que cada jogador concorde com as regras estabelecidas e coopere seguindo-as e aceitando suas consequências;
- o jogo deve ter regras preestabelecidas que não podem ser modificadas no decorrer de uma jogada, isto é, cada jogador precisa perceber que as regras são um contrato aceito pelo grupo e que sua violação representa uma falta; havendo o desejo de fazer alterações, isso deve ser discutido com todo o grupo e, no caso de concordância geral, podem ser impostas ao jogo daí por diante;
- no jogo, deve haver a possibilidade de usar estratégias, estabelecer planos, executar jogadas e avaliar a eficácia desses elementos nos resultados obtidos, isto é, o jogo não deve ser mecânico e sem significado para os jogadores.

Esse encaminhamento a respeito do que consideramos ser um jogo apresenta outros desdobramentos, entre eles o de que os jogos devem trazer situações interessantes e desafiadoras, permitindo que os jogadores se autoavaliem e participem ativamente do jogo o tempo todo, percebendo os efeitos de suas decisões, dos riscos que podem correr ao optarem por um caminho ou por outro, analisando suas jogadas e as de seus oponentes.

No jogo, as regras são parâmetros de decisão, uma vez que ao iniciar uma partida, ao aceitar jogar, cada um dos jogadores concorda com as regras que passam a valer para todos, como um acordo, um propósito que é de responsabilidade de todos. Assim, ainda que haja um vencedor e que a situação de jogo envolva competição, suas características estimulam simultaneamente o desenvolvimento da cooperação e do respeito entre os jogadores porque não há sentido em ganhar a qualquer preço. Em caso de conflitos, as regras exigem que os jogadores cooperarem para chegar a algum acordo e resolver seus conflitos.

A classificação dos tipos de jogos é tão ou mais diversa do que os sentidos da palavra jogo. Por isso, além da caracterização do termo neste caderno, é importante que destaquemos os tipos de jogos pelos quais optamos nessa proposta para ensino médio.

De modo geral, há dois tipos de jogos matemáticos que podem ser utilizados nas aulas: os de estratégia e os de conhecimento.[1] Os jogos de estratégia são aqueles como xadrez, dama, nim, entre outros, nos quais o objetivo é encontrar jogadas que levem a estratégias vencedoras. Já os jogos de conhecimento são aqueles que fazem referência a um ou aos vários dos tópicos que habitualmente são estudados em matemática.

Os jogos de conhecimento são, fundamentalmente, um recurso para um ensino e uma aprendizagem mais rica, mais participativa e problematizadora dos te-

---

[1] Ainda que possa existir uma combinação de ambos os tipos de jogos, optamos por descrevê-los separadamente para que possam ser mais bem compreendidos em nossa proposta.

mas matemáticos, tais como funções, geometria ou trigonometria. Servem para que os alunos construam, adquiram e aprofundem de modo mais desafiador os conceitos e procedimentos a serem desenvolvidos em matemática no ensino médio. Sua utilização pode ocorrer no momento em que se introduz um novo tema, nas situações em que se deseja aprofundar esse tema ou nos casos em que se procede a uma revisão.

Os jogos de estratégia têm importância para simular com os alunos processos de investigação matemática, estratégias de resolução de problemas, levantamento, comprovação ou refutação de hipóteses. Esses jogos relacionam-se diretamente com formas típicas de pensar matemática, como a indução e a generalização.

A diferença essencial entre os dois tipos de jogos está no fator *sorte*. Nos jogos de conhecimento, os alunos dependem de resultados sorteados em cartas ou dados; já nos jogos de estratégia, o fator sorte tem pouca ou nenhuma interferência, uma vez que, para conseguir vencer, o jogador depende exclusivamente das escolhas e decisões que realiza durante o jogo, ficando livre para escolher qualquer opção nos limites das regras do jogo.

Neste caderno, trabalharemos com ambos os tipos de jogos e, de modo geral, com a sua combinação. Assim, jogos como *Comando e Família de funções* são claramente jogos de conhecimento, ao passo que *Batalha naval circular, Cara a cara de poliedros e Enigma de funções* são jogos de estratégia. No entanto, todos os jogos que propomos referem-se a algum tema do programa de matemática do ensino médio. Deixamos a você, professor, a sugestão de que desenvolva outros jogos de estratégia e de conhecimento com seus alunos.

O JOGO E A RESOLUÇÃO DE PROBLEMAS

Nossa proposta de utilização de jogos está baseada em uma perspectiva de resolução de problemas, o que, em nossa concepção, permite uma forma de organizar o ensino envolvendo mais que aspectos puramente metodológicos, pois inclui toda uma postura frente ao que é ensinar e, consequentemente, sobre o que significa aprender. Daí a escolha do termo, cujo significado corresponde a ampliar a conceituação de resolução de problemas como simples metodologia ou conjunto de orientações didáticas.

A perspectiva metodológica da resolução de problemas baseia-se na proposição e no enfrentamento do que chamaremos de situação-problema. Em outras palavras, ampliando o conceito de problema, devemos considerar que nossa perspectiva trata de situações que não possuem solução evidente e que exigem que o resolvedor combine seus conhecimentos e decida-se pela maneira de usá-los em busca da solução. A primeira característica dessa perspectiva metodológica é considerar como problema toda situação que permita alguma problematização.

A segunda característica pressupõe que enfrentar e resolver uma situação--problema não significa apenas compreender o que é exigido, aplicar as técnicas ou fórmulas adequadas e obter a resposta correta, mas, além disso, uma atitude de *investigação* em relação àquilo que está em aberto, ao que foi proposto como obstáculo a ser enfrentado e até à própria resposta encontrada.

A terceira característica implica que a resposta correta é tão importante quanto a ênfase a ser dada ao processo de resolução, permitindo o aparecimento de diferentes soluções, comparando-as entre si e pedindo que os resolvedores digam o que pensam sobre ela, expressem suas hipóteses e verbalizem como chegaram à solução.

A perspectiva metodológica da resolução de problemas caracteriza-se ainda por uma postura de inconformismo frente aos obstáculos e ao que foi estabelecido por outros, sendo um exercício contínuo de desenvolvimento do senso crítico e da criatividade, características primordiais daqueles que fazem ciência e estabelecem os objetivos do ensino de matemática.

Como podemos perceber, nessa perspectiva, a essência está em saber problematizar e isso só pode ser feito em situações que tenham clareza de objetivos a serem alcançados, simplesmente porque, caso contrário, não se saberia o que perguntar. Assim como questionar por questionar não nos parece ter sentido algum.

A problematização inclui o que é chamado de processo metacognitivo, isto é, quando se pensa sobre o que se pensou ou se fez. Esse voltar exige uma forma mais elaborada de raciocínio, esclarece dúvidas que ficaram, aprofunda a reflexão feita e está ligado à ideia de que a aprendizagem depende da possibilidade de se estabelecer o maior número possível de relações entre o que se sabe e o que se está aprendendo.

Assim, as problematizações devem ter como objetivo alcançar algum conteúdo e um conteúdo deve ser aprendido, porque contém em si questões que merecem ser respondidas. No entanto, é preciso esclarecer que nossa compreensão do termo conteúdo inclui, além dos conceitos e fatos específicos, as habilidades necessárias para garantir a formação do indivíduo independente, confiante em seu saber, capaz de entender e usar os procedimentos e as regras característicos de cada área do conhecimento. Além disso, subjacentes à ideia de conteúdos estão as atitudes que permitem a aprendizagem e que formam o indivíduo por inteiro.

Portanto, nessa perspectiva, atitudes naturais do aluno que não encontram espaço no modelo tradicional de ensino de matemática, como é o caso da curiosidade e da confiança em suas próprias ideias, passam a ser valorizadas nesse processo investigativo.

Para viabilizar o trabalho com situações-problema, é preciso ampliar as estratégias e os materiais de ensino e diversificar as formas e organizações didáticas para que, junto com os alunos, seja possível criar um ambiente de produção ou de reprodução do saber. Nesse sentido, acreditamos que os jogos atendem a essas necessidades.

OS JOGOS E O DESENVOLVIMENTO DE COMPETÊNCIAS

Uma das preocupações atuais das escolas e dos professores de ensino médio é com o desenvolvimento de competências. Uma competência, de acordo com

Perrenoud (1999), pode ser entendida como uma capacidade de agir de modo eficaz em determinado tipo de situação, apoiada em conhecimentos, mas sem estar limitada a eles.

Essa preocupação com o desenvolvimento de competências pode ser explicada devido às transformações que temos sofrido desde meados do século XX, passando de uma sociedade da técnica a uma sociedade do conhecimento, o que exige entender, antecipar, avaliar, enfrentar a realidade e os desafios apresentados frequentemente com ferramentas intelectuais adequadas.

Se uma competência relaciona-se a uma certa capacidade de agir com segurança e eficácia diante de um problema ou desafio novo, e envolve a capacidade de mobilizar conhecimentos novos, fazer interpretações e inferências, estabelecer relações novas, mobilizando especialmente conhecimentos que se tem para elaborar estratégias de ação apropriadas para a abordagem do problema apresentado, temos a primeira forma de relacionar o uso de jogos ao desenvolvimento de competências.

De fato, os jogos vistos apenas como um recurso já atenderiam à exigência de que competências são mobilizadas, desenvolvidas e aprimoradas quando os alunos são colocados diante de materiais diversos, e não apenas do livro didático. Mais que isso, a relação natural entre jogos e resolução de problemas coloca os alunos frente a situações que exigem deles desenvolver meios de alcançar uma meta, resolver problemas, agir na urgência e tomar decisões. Finalmente, um ensino voltado para o desenvolvimento de competências considera os conhecimentos como importantes recursos a serem mobilizados diante de um problema a resolver, o que ocorre frequentemente nas situações de jogo.

Tais considerações já seriam suficientes para relacionar o uso de jogos ao desenvolvimento de competências nas aulas de matemática. No entanto, ainda podemos acrescentar mais alguns aspectos relativos ao que se propõe a respeito de competências no sistema escolar brasileiro. Por exemplo, nos programas do Ministério da Educação, sugere-se que os alunos do ensino médio desenvolvam competências relacionadas à área de ciências da natureza, matemática e suas tecnologias. Em particular, destaca-se a preocupação mais explícita com o desenvolvimento de três grandes competências nessa área do conhecimento, a saber:

- Representação e comunicação: envolvem leitura, interpretação e produção de textos nas diversas linguagens e formas textuais características da área.
- Investigação e compreensão: são marcadas pela capacidade de enfrentamento de situações-problema, utilizando os conceitos e procedimentos peculiares do fazer e do pensar das ciências.
- Contextualização das ciências no âmbito sociocultural: abrange a análise crítica das ideias e recursos da área, assim como das questões do mundo que podem ser respondidas ou transformadas por meio do conhecimento científico.

Consideramos que a forma como pensamos o trabalho com os jogos nas aulas de matemática e as explorações que propomos para os diferentes jogos contribuem diretamente para o desenvolvimento de determinadas ações e habilidades relacionadas às duas primeiras competências propostas para o ensino médio brasileiro na área de ciências da natureza, matemática e suas tecnologias. O quadro a seguir apresenta o detalhamento de alguns aspectos das duas competências às quais nos referimos e ajuda a compreender melhor porque afirmamos que nossa proposta para os jogos está diretamente relacionada com o desenvolvimento de ambas.

I. REPRESENTAÇÃO E COMUNICAÇÃO

Na Área de Ciências da Natureza e Matemática	Em Matemática
Símbolos, Códigos e Nomenclaturas da Ciência e da Tecnologia	
Reconhecer e utilizar, nas formas oral e escrita, os símbolos, os códigos e as nomenclaturas da linguagem matemática e científica.	Reconhecer e utilizar os símbolos, os códigos e as nomenclaturas da linguagem matemática. Por exemplo, ao ler textos instrucionais (regras dos jogos), cartas e tabuleiros dos jogos; compreender o significado de informações apresentadas na forma de notação científica, de porcentagem, de variáveis na representação algébrica de funções. Identificar, transformar e traduzir valores apresentados sob diferentes formas. Um exemplo é transformar ângulos em graus e radianos.
Articulação dos Símbolos e Códigos da Ciência e da Tecnologia	
Ler, articular e interpretar símbolos e códigos em diferentes linguagens e representações: sentenças, equações, esquemas, diagramas, tabelas, gráficos e representações geométricas.	Ler e interpretar informações nas diferentes representações: tabelas, gráficos, fórmulas, equações ou representações geométricas. Relacionar diferentes representações de uma mesma informação; por exemplo, identificar uma função por meio de sua forma algébrica, gráfica e seus pontos notáveis.
Elaboração de Comunicações	
Elaborar comunicações orais ou escritas para relatar, analisar e sistematizar eventos, fenômenos, experimentos, questões, entrevistas, visitas, correspondências.	Produzir diferentes tipos de texto – gráficos, tabelas, equações, expressões, escritas numéricas, relatórios, bilhetes, cartas de jogos – utilizando a linguagem matemática para comunicar o que aprendeu, criar situações-problema, solucionar problemas, etc.
Discussão e Argumentação de Temas de Interesse da Ciência e da Tecnologia	
Analisar, argumentar e posicionar-se criticamente em relação a temas de **ciência e tecnologia**.	Analisar jogadas durante uma partida, explicar jogadas realizadas, discutir diferentes possibilidades de ação durante a partida, argumentar para justificar uma escolha e defender ou refutar pontos de vista.

Ensino Médio – Jogos de Matemática

II. INVESTIGAÇÃO E COMPREENSÃO

Estratégias para Enfrentamento de Situações-Problema	
Identificar em dada situação-problema as informações ou variáveis relevantes e elaborar possíveis estratégias para resolvê-la.	Identificar em uma situação de jogo as informações relevantes que permitam tomar decisões sobre uma jogada. Elaborar possíveis estratégias para enfrentar situações de jogo.
Interações, Relações e Funções; Invariantes e Transformações	
Identificar fenômenos naturais ou grandezas em dado domínio do conhecimento científico, estabelecer relações, identificar regularidades, invariantes e transformações.	Identificar regularidades em situações semelhantes para estabelecer regras e propriedades. Por exemplo, perceber que todas as funções do segundo grau possuem o mesmo tipo de gráfico, o que implica propriedades de sinal, crescimento e decrescimento.
Medidas, Quantificações, Grandezas e Escalas	
Selecionar e utilizar instrumentos de medição e de cálculo, representar dados e utilizar escalas, fazer estimativas, elaborar hipóteses e interpretar resultados.	Para realizar uma nova jogada, decidir se a estratégia de resolução requer cálculo exato, aproximado, probabilístico ou análise de médias. Por exemplo, de acordo com dada situação, optar pelo uso de fração, porcentagem, potências de dez, etc.

FORMAS DE PROPOR E EXPLORAR OS JOGOS NAS AULAS DE MATEMÁTICA

Como dissemos anteriormente, para que os alunos possam aprender e desenvolver-se enquanto jogam, é preciso que o jogo tenha nas aulas tanto a dimensão lúdica quanto a educativa. Em nosso trabalho, temos defendido que essas duas dimensões aparecem se houver alguns cuidados ao planejar o uso desse recurso nas aulas.

Em primeiro lugar, é preciso lembrar que um jogador não aprende e pensa sobre o jogo quando joga uma única vez. Dessa forma, ao escolher um jogo para usar com seus alunos você precisa considerar que, na primeira vez em que joga, o aluno às vezes mal compreende as regras. Por isso, se para além das regras desejamos que haja aprendizagem por meio do jogo, é necessário que ele seja realizado mais de uma vez.

Em segundo lugar, nem sempre os alunos de ensino médio são receptivos aos jogos porque, em vista das experiências anteriores com essa disciplina, e mesmo das crenças que têm sobre o que seja aprender matemática (Gómez Chácon, 2003), tendem a pensar que os jogos não são tão matemáticos quanto as fórmulas, os cálculos e as técnicas em geral. Essa crença relaciona-se ao fato de que percebem a matemática mais como um conjunto de procedimentos técnicos do que como uma prática que requer raciocínio, investigação e resolução de problemas. É preciso, portanto, saber que as resistências podem aparecer e devem ser contornadas.

Além disso, não é qualquer jogo que serve para sua turma de alunos. Pensando na melhor forma de ajudar você a usar os jogos que propusemos neste caderno, apresentamos a seguir alguns cuidados a serem tomados nesse sentido.

A escolha do jogo

Um jogo pode ser escolhido porque permitirá que seus alunos comecem a pensar sobre um novo assunto, ou para que eles tenham um tempo maior para desenvolver a compreensão sobre um conceito, para que eles desenvolvam estratégias de resolução de problemas ou para que conquistem determinadas habilidades que naquele momento você vê como importantes para o processo de ensino e aprendizagem. Uma vez escolhido o jogo por meio de um desses critérios, seu início não deve ser imediato: é importante que você tenha clareza se fez uma boa opção. Por isso, antes de levar o jogo aos alunos, é necessário que você o conheça jogando.

Leia as regras e simule jogadas verificando se o jogo apresenta situações desafiadoras aos seus alunos, se envolve conceitos adequados àquilo que você deseja que eles aprendam, levando-os ao desenvolvimento do raciocínio e da cooperação. Muitas vezes, um jogo pode ser fascinante, mas para a sua realidade pode tornar-se muito fácil, não apresentando desafios que façam os alunos aprenderem. Ou, ao contrário, ser tão difícil que os alunos nem se encantem com ele porque não alcançam aquilo que se propõe.

Sugerimos que, em um primeiro momento, você faça uma triagem mais simples, descartando aqueles jogos que por si mesmos não têm um conteúdo significativo e desencadeador de processos de pensamento para seus alunos. Em uma segunda etapa, com relação a jogos que de modo geral são desafiadores, será preciso apresentá-los aos alunos e observar a relação da classe com o jogo para avaliar se realmente é adequado ou não para eles. Algumas vezes, um jogo pode revelar-se muito difícil, outras vezes muito fácil e até mesmo não envolver o grupo. Não é por ser jogo que necessariamente todos gostarão da atividade. Em todos esses casos, temos de rever a proposta.

Se o jogo for muito simples, não possibilitará obstáculos a enfrentar e nenhum problema a resolver, descaracterizando, portanto, a necessidade de buscar alternativas, de pensar mais profundamente, fato que marca a perspectiva metodológica que embasa essa proposta. Se for muito difícil, os alunos desistirão dele por não ver saída nas situações que apresenta. Uma proposta precisa despertar a necessidade de saber mais, o desejo de querer fazer mais, de arriscar-se, mas precisa minimamente ser possível.

Tendo mais clareza sobre esses aspectos, ainda é preciso planejar alguns outros detalhes do trabalho.

PLANEJANDO O TRABALHO COM OS JOGOS

Trabalhar com jogos envolve o planejamento de uma sequência didática. Exige uma série de intervenções do professor para que, mais que jogar, mais que brincar, haja aprendizagem. Há que se pensar como e quando o jogo será proposto e quais possíveis explorações ele permitirá para que os alunos aprendam. Comecemos pelas formas de apresentação ao grupo.

Vencendo resistências

A primeira resistência a ser vencida no que diz respeito ao uso de jogos no ensino médio é a do/a próprio/a professor/a. Assim, se você estiver convencido/a de que o uso de jogos é bom, importante e possível, terá maiores chances de vencer mais rapidamente as possíveis resistências dos alunos porque saberá argumentar, com razões apropriadas, sobre a opção por esse recurso.

Ainda assim, caso seus alunos questionem a razão pela qual farão jogos, se isso não será perda de tempo, devido a todos os exames que enfrentarão ao terminar essa etapa escolar, há algumas ações que podem ser realizadas para envolvê-los no processo.

A utilização de jogos em classe supõe uma expectativa por parte dos alunos, por isso é muito importante a maneira como o jogo será proposto. Precisamos lembrar que nossos alunos pertencem a uma geração que dá importância aos meios visuais; portanto, é recomendável que cuidemos da forma e da apresentação do jogo, desde os aspectos físicos – cartas, tabuleiros, dados, fichas, apresentação das regras, etc. – até o modo como falamos da proposta de uso. É conveniente que não se faça nenhuma preleção, nem mesmo algo que soe aos alunos como sermão, porque isso normalmente não os convence. Procure fazer uma certa divulgação da atividade e estabeleça alguns acordos:

- ♦ Convide-os a fazer uma lista dos motivos pelos quais não deveriam usar jogos. Combine que jogarão um mesmo jogo duas vezes, sem reclamar, dando a eles mesmos e a você uma chance de conhecer o recurso. A partir disso, você faz a sequência toda que propomos para um jogo, ou parte dela, e depois retoma os argumentos iniciais para verificar se eles mudariam alguma coisa na opinião inicial. De modo geral, ocorrem mudanças significativas no processo de jogar.
- ♦ Antes de iniciar um jogo relativo a determinado assunto, elabore com eles uma lista das possíveis dificuldades que enfrentam com o conceito envolvido no jogo. Explique que tentarão superar as dificuldades usando um jogo sobre o assunto. Faça, então, a sequência toda que propomos para o jogo escolhido e, ao final, volte às dificuldades iniciais e converse com eles sobre como o jogo ajudou ou não na superação das mesmas.

◆ Peça-lhes que produzam as peças do jogo em grupos. Isso os obrigará a ler as regras, a entender a lógica das cartas, a pensar na estética do jogo e, de forma geral, a querer jogar ou ver outras pessoas jogarem com o material que eles produziram.

Apresentando um jogo aos alunos

Costumamos dizer que pensar como levar um jogo aos alunos implica pensarmos sobre como os jogos são aprendidos por eles fora da escola. Aprende-se um jogo com os amigos, aprende-se um jogo lendo suas regras na embalagem, na internet, fazendo experimentações, tentativas. Se o jogo desafia, surge a necessidade de continuar jogando, de repetir algumas vezes. É o interesse que suscita a necessidade de aprender, a vontade de querer jogar e o desafio de vencer um obstáculo. Esses aspectos guiam nossas opções para apresentar um jogo à turma.

Aprender com alguém

Esse alguém pode ser você, que apresenta aos alunos o jogo. Nesse caso, você pode organizar a classe em uma roda e jogar com alguns ou contra a própria turma. Pode também apresentar o jogo usando um meio visual – datashow, retroprojetor, cartaz, etc. – e simular uma jogada com os alunos. No caso de um jogo de tabuleiro, por exemplo, uma cópia do tabuleiro é apresentada ao grupo todo de alunos que joga junto, conforme as regras são apresentadas por você ou lidas e discutidas entre os alunos. Cada grupo então começa a jogar e você fica à disposição para acompanhar a turma em suas dúvidas.

Existe a possibilidade de aprender com os colegas de classe. Nessa opção, você escolhe alguns alunos da turma para os quais ensinará o jogo primeiro. Quando levar o jogo à classe, esses alunos serão espalhados em grupos diferentes e se responsabilizarão por ensinar aos demais como se joga. No ensino médio, esse recurso é bastante adequado, porque o grupo de alunos escolhido pode primeiro tentar aprender a jogar sozinhos e depois discutir com você para, então, apresentar o jogo à turma.

Aprender lendo as regras

Nesse caso, você prepara uma cópia das regras para cada aluno e, quando os grupos forem formados, deverão ler e discutir fazendo suas jogadas, analisando as regras, decidindo como resolver as dúvidas. Você será chamado apenas quando a discussão no grupo não surtir efeito para resolver as dúvidas.

Em uma etapa intermediária, especialmente com alunos que ainda não estão familiarizados com a ação de ler para aprender em matemática, essa leitura pode ser coletiva, a partir de uma exposição das regras por um meio audiovisual. Nesse caso, uma regra é lida e discutida coletivamente e depois uma jogada é feita, prosseguindo-se assim até que todos tenham entendido o modo de jogar.

Uma outra opção é deixar o jogo durante um tempo à disposição dos alunos para que eles o estudem. Isso pode ser feito disponibilizando-lhes o jogo inclusive em forma virtual, para que em casa tenham tempo de se dedicar a entender as regras. Depois disso, o jogo pode ser explorado de forma mais intensa e coletiva na sala de aula.

Embora caiba a você decidir a melhor maneira de apresentar o jogo aos alunos, é importante buscar outras maneiras diferentes dessas que estamos sugerindo, ou mesmo discutir com eles sobre como gostariam de aprender um novo jogo, evitando utilizar sempre a mesma estratégia para todos os jogos. Cada meio de propor o jogo ao grupo traz aprendizagens diferentes, exige envolvimentos diversos, e isso já pode ser a primeira situação-problema a ser enfrentada por eles.

Organizando a classe para jogar

Pela opção que fizemos quando escolhemos algumas características que definem o jogo em nossa proposta, as sugestões que apresentamos são sempre para dois ou mais jogadores, mas nunca um grupo grande, variando, assim, de dois a quatro jogadores por jogo. Isso implica que, ao planejar o uso de um jogo, é fundamental que você fique atento às condições físicas para realizá-lo, ao número de alunos por sala e ao modo de formar os grupos.

Sobre as condições físicas

Nem sempre as salas de aula de ensino médio são propícias para a prática de jogos. São comuns salas com cadeiras fixas no chão ou, ainda, com cadeiras do tipo universitárias, que não são adequadas à formação de grupos. Um outro problema pode ser a acústica da sala ou a sua proximidade com salas vizinhas, que serão incomodadas caso haja barulho. Essas dificuldades geralmente são superadas com a busca de um espaço alternativo na escola – quadra, pátio, salas de vídeo ou salas de uso comum – ou mesmo com uma conversa com os alunos que costumam dar boas sugestões sobre como superar esses obstáculos se realmente desejarem jogar.

Sobre o número de alunos

Uma das dificuldades que as escolas e seus professores apontam para a utilização de jogos no ensino médio é a quantidade de alunos em sala: algumas vezes, ultrapassa 40 alunos em uma mesma turma. Mesmo concordando que ter entre 30 e 35 alunos em uma sala de aula dessa fase escolar seria melhor para realizar um ensino mais individualizado, e não somente para utilizar jogos, não temos deixado de propor esse recurso em função do tamanho das turmas.

A organização em grupos, o envolvimento dos alunos na elaboração e nos cuidados dos materiais de jogo, as conversas com os grupos sobre como é possível melhorar a produtividade, as atitudes e a própria ação de jogar têm trazido resultados alentadores para a superação dessa aparente limitação. Prova disso são as fotos e as produções de alunos mostradas ao longo deste caderno, desenvolvidas apenas em salas com mais de 35 alunos por turma.

Sobre a organização dos grupos para jogar

A formação dos grupos pode variar desde uma livre escolha dos alunos, que se organizam para jogar com quem desejarem, até uma decisão sua em função das necessidades que perceber para o seu grupo. Porém, é preciso planejar e ter critérios.

Você pode organizar os grupos de modo que os alunos com mais facilidade em jogar fiquem junto com outros que precisem de ajuda para avançar. Pode também formar grupos de alunos com compreensão semelhante do jogo ou da matemática nele envolvida, deixando que alguns grupos joguem sozinhos enquanto você acompanha aqueles que precisam de uma maior intervenção.

Outra opção é deixar que no início os grupos se formem livremente e, depois de suas observações e da conversa com eles sobre o jogo, os grupos sejam reorganizados em função das necessidades surgidas. Um exemplo de intervenção em uma situação desse tipo é o caso de haver uma dupla ou grupo de alunos em que um mesmo jogador sempre vença e outro sempre perca. Você pode reorganizar os grupos de forma a propiciar outras possibilidades de resultados para que não haja prepotência por parte de uns e sentimento de fracasso por parte de outros.

Também se pode discutir com os grupos sobre organização, barulho exagerado e como serão os registros e as explorações a partir do jogo. No entanto, em se tratando de barulho, devemos lembrar que ele é inerente ao ato de jogar.

A diferença é que, no caso do jogo, a conversa será em torno das jogadas, da vibração por uma boa decisão ou mesmo pela vitória, do conhecimento que se desenvolve enquanto os alunos jogam. Costumamos fazer duas observações sobre isso: a primeira é que esse é um barulho produtivo, uma vez que favorece as aprendizagens esperadas e a maior interação entre os alunos; a segunda é que jogar sem barulho torna-se impossível, pois um jogo silencioso perderia o brilho da intensidade e do envolvimento dos jogadores. Portanto, o melhor é conviver com esse fato parando para discutir apenas quando houver alguma possibilidade de tumulto, embora nem nesse caso deva haver alarde. De modo geral, nossa experiência tem demonstrado que o diálogo e algumas combinações resolvem tais problemas e fazem da aula um bom desafio para todos.

O tempo de jogar

Após planejar a apresentação do jogo aos alunos, um outro aspecto importante é pensar no tempo de jogo, o que envolve diversas variáveis, entre as quais destacamos tempo de aprendizagem e tempo de aula.

Tempo de aprendizagem

Ainda que o jogo seja envolvente, que os jogadores encantem-se por ele, não é na primeira vez que jogam que ele será compreendido. Uma proposta desafiante cria no próprio jogador o desejo de repetição, de fazer de novo. Usando esse princípio natural para quem joga, temos recomendado que nas aulas de matemática um jogo nunca seja planejado para apenas uma aula. O tempo de aprender exige que haja repetições, reflexões, discussões, aprofundamentos e registros.

Tempo de aula

Esse ponto é relevante em nossa proposta porque costumamos propor que, quando um jogo é introduzido em dado momento das aulas de matemática, ele seja jogado várias vezes, de um modo geral em uma aula por semana, durante três a quatro semanas, permitindo ao aluno, enquanto joga, apropriar-se das estratégias, compreender as regras, aprimorar o raciocínio, aperfeiçoar a linguagem e aprofundar-se nos problemas que o jogo apresenta. Chegamos a essa frequência observando e investigando o uso de jogos diretamente junto aos alunos, nas escolas que tivemos oportunidade de acompanhar.

Nossos estudos permitiram observar que, se fazem o mesmo jogo todos os dias, os alunos perdem logo o interesse por ele e os professores têm a impressão de que pararam suas aulas para fazer jogos. Depois observamos que, a não ser jogos de grande complexidade, como é o caso do xadrez, por exemplo, com três a quatro jogadas pensadas, planejadas, discutidas e problematizadas, os alunos passam a desejar mais do que o próprio jogo. É comum começarem a discutir mudanças nas regras, novas formas de jogar, e essa pode ser a proposta na sequência seguinte. O jogo já não é mais o foco. Passa-se ou à sua modificação ou a um outro jogo. Caso haja alunos que queiram continuar jogando, ou mesmo que precisem disso, é possível criar situações de deixar o jogo à disposição para atender a essas necessidades.

Ainda em relação ao tempo de aula, é interessante que se pense na realidade das escolas que em geral possuem aulas curtas, especialmente no segmento de ensino médio, cujas aulas às vezes têm 45 minutos. Nesse caso, é importante planejar o jogo para aulas duplas se for possível, ou decidir com os alunos o que fazer quando o tempo da aula acabar, mas o jogo não. Pode-se criar alguma forma de registro do jogo no momento em que se parou e começar a partir daí na próxima vez, ou decidir quem venceu naquele momento e reiniciar o jogo na próxima vez.

Todos esses cuidados são essenciais para que o tempo de aprendizagem não seja ignorado, nem subestimado. Aprender e ensinar devem caminhar juntos – diríamos mesmo que, nessa proposta, o tempo de aprender determina o compasso do tempo de ensinar.

Um jogo e sua exploração

Devido a todos os cuidados que o planejamento do uso do jogo envolve, não poderíamos deixar de falar sobre sua exploração dentro da perspectiva metodológica da resolução de problemas.

Ao jogar, o aluno constrói muitas relações, cria jogadas, analisa possibilidades. Algumas vezes tem consciência disso, outras nem tanto. Pode acontecer de um jogador não passar para uma nova fase de reflexão por não ter percebido determinadas nuanças de uma regra, ou mesmo por não ter clareza de todas as regras ainda. Finalmente, é preciso que quem acompanha os jogadores tenha uma avaliação pessoal desses progressos, dos possíveis impasses nos quais eles se encontram.

Pensando nesses e em outros casos é que propomos algumas possíveis ações didáticas, genericamente denominadas de *exploração de jogos* e que descrevemos a seguir.

Conversando sobre o jogo

Nossa sugestão é que você planeje momentos variados para que os alunos possam discutir coletivamente o jogo. Assim, eles levantam as dificuldades encontradas, as descobertas feitas, os problemas encontrados para realizar as jogadas, entre muitas outras possibilidades.

É o momento de ouvir e fazer sugestões, de dar dicas, de analisar posturas como a tentativa de burlar uma regra, ou de modificá-la durante a partida, e decidir o que fazer para superar as possíveis divergências. A você cabe observar e anotar os problemas, suas soluções e as dúvidas. Este é um rico momento de avaliação, que permitirá tomar decisões posteriores como retomar explicações sobre o jogo, analisar a formação dos grupos que estão jogando, intervir se for preciso, verificar se o jogo revelou alguma necessidade em particular que merece ser retomada.

Produzindo um registro a partir do jogo

Após jogarem, os alunos podem ser convidados a escrever ou desenhar sobre o jogo, manifestando suas aprendizagens, suas dúvidas, suas opiniões e suas impressões sobre a ação vivenciada.

Temos observado que os registros sobre matemática ajudam a aprendizagem dos alunos de muitas formas, encorajando a reflexão, clareando as ideias e agindo como um catalisador para as discussões em grupo. Os registros ajudam o aluno a aprender o que está sendo estudado. Do mesmo modo, quem observa e lê as produções dos alunos tem informações importantes a respeito de suas aprendizagens, o que significa que nos registros produzidos temos outro importante instrumento de avaliação (Smole e Diniz, 2000).

Os tipos de registros são decididos em função da necessidade e das possibilidades dos alunos e da sua proposta. Se forem feitos em forma de texto poderão assumir diferentes aspectos quanto à sua elaboração (coletivo, em duplas, por grupo de jogo, individual), quanto ao destinatário (pais, colegas, ao professor, próprio autor) e quanto ao portador de referência. Por exemplo:

- ◆ Texto narrativo relacionado às observações dos alunos sobre o jogo: o que aprenderam, características e descobertas sobre o jogo.
- ◆ Bilhete ou e-mail comentando um aspecto do jogo para um amigo: o aluno pode mandar uma dúvida que precisa ser encaminhada a alguém que con-

siga respondê-la, ou falar sobre a aprendizagem mais importante que fez, ou outra opção que você considere adequada.
- Uma carta ensinando o jogo para outra pessoa ou para outra classe.
- Uma lista de dicas para ter sucesso no jogo, ou para dar dicas de como superar determinados obstáculos.
- Manter um blog no qual os alunos troquem impressões, dúvidas, dicas e etc. sobre o jogo.

Nos diversos jogos que sugerimos neste caderno, você verá alguns exemplos dessas propostas. Contudo, gostaríamos de acrescentar algo que se refere à avaliação. Analisar os registros dos alunos como instrumento de avaliação é quase sempre mais eficaz do que obter dados a partir de uma prova pontual, porque permite intervenções imediatas na realidade observada, não sendo necessário esperar um bimestre ou um trimestre para resolver os problemas que surgem ou, na pior das hipóteses, tomar consciência deles. O registro produzido pelo aluno sem a pressão causada pela prova, possibilita maior liberdade para mostrar aquilo que sabe ou sobre o que tem dúvidas. Essa finalidade não pode ser menosprezada ou esquecida. É importante que você utilize as produções dos alunos para identificar as necessidades, as incompreensões e as origens delas.

Problematizando um jogo

Embora durante um jogo surjam naturalmente inúmeras situações-problema que os jogadores devem resolver para aprimorar suas jogadas, para decidir o que fazer antes de realizar uma ação, para convencer um oponente do seu ponto de vista e até para neutralizar ou dificultar a jogada seguinte do parceiro de jogo, existe a possibilidade de ampliar esse processo por meio da proposição de problemas. Essa ação pode ser feita durante um jogo ou a partir do jogo.

Durante o jogo, enquanto observa os alunos jogando, você pode pedir para que eles expliquem uma jogada, ou porque tomaram uma decisão e não outra, e até mesmo perguntar se não há uma jogada que dificulte a próxima ação. Vale a pena você também se colocar como jogador em algumas ocasiões para observar como os alunos pensam, fazer uma jogada e discuti-la com o grupo no qual está jogando. Essa problematização no ato do jogo favorece sua percepção das aprendizagens, das dúvidas, das confusões, do envolvimento dos alunos na ação de jogar.

No entanto, alguns cuidados são necessários. O primeiro deles é saber o limite de problematizar, cuidando para que a ação de jogar, o prazer de jogar e o envolvimento com o jogo não fiquem prejudicados devido ao excesso de perguntas vindas de sua parte. O segundo é lembrar que, não sendo possível observar todos os alunos ao mesmo tempo, você precisa criar um roteiro de observação para olhar diferentes grupos jogando em cada uma das vezes que o jogo se repetir.

Há ainda a possibilidade de exploração a ser feita após o jogo. Nesse caso, são escolhidas possíveis jogadas para os alunos analisarem, criadas perguntas que lhes permitam pensar em aspectos do jogo que podem ser aprofundados, simular situações nas quais os alunos analisem entre algumas jogadas possíveis qual a melhor decisão a tomar, entre várias outras propostas. Salientamos que também há cuidados a serem tomados.

O primeiro deles é não propor esse tipo de problema logo na primeira vez em que os alunos jogarem, já que o desconhecimento das regras e as incompreensões iniciais podem desfavorecer uma discussão mais rica por parte da turma. Temos visto que depois da segunda ou terceira vez em que jogam é que os alunos aproveitam mais cada problema e envolvem-se bem com eles.

O segundo cuidado é fazer registros das conclusões mais importantes que forem tiradas enquanto são discutidas as problematizações e, por fim, observar os efeitos dessas problematizações no próprio ato de jogar. Ou seja, verifique se os alunos passam a analisar melhor suas jogadas, se pensam mais para decidir como realizar suas ações de jogo, se ampliam sua discussão sobre o próprio jogo, se fazem novas perguntas. Isso mostra que as explorações cumpriram sua função de envolver os alunos na tarefa de aprender mais e melhor nas aulas de matemática.

Uma última forma de problematizar o jogo é pedir aos alunos que modifiquem as regras do jogo, ou que inventem um jogo parecido com aquele que foi dado. Nessa proposta, será preciso que eles elaborem um plano sobre como será o jogo e de quais recursos necessitarão para fazê-lo, criem as regras, joguem os jogos que elaboraram, analisem as produções uns dos outros e tenham tempo para aprimorá-las, de modo que qualquer pessoa que deseje possa jogar. Essa é uma proposta mais complexa, mas que permite aos alunos perceberem como se dá a estruturação de regras, a relação delas com as jogadas e o seu grau de complexidade, selecionar o conhecimento matemático necessário para produzir as situações de jogo. É uma proposta que permite aos alunos utilizarem seus conhecimentos em uma nova situação, estabelecendo novas relações de significado para eles.

Ações de problematização serão sugeridas em muitos dos jogos deste caderno. Você pode utilizá-las ou propor outras que considere mais adequadas ao seu grupo de alunos.

COMO USAR ESTE CADERNO

Os jogos que apresentamos neste caderno não aparecem em uma sequência para ser usada do começo ao fim. Eles foram pensados para oferecer níveis diferentes de complexidade, para séries diferentes, envolvendo variados conceitos e procedimentos matemáticos. Por isso, você pode escolher o melhor momento de apresentá-lo aos seus alunos em função das necessidades de ensino e aprendizagem e de acordo com o seu planejamento.

Cada jogo é apresentado para o ano ao qual se destina, podendo ser utilizado em mais de um. Isso ocorre porque determinado jogo que em um ano tem como foco introduzir ou aprofundar um conceito, em outro pode servir como uma retomada de algo que foi visto, mas ainda não aprendido.

Todas as propostas foram organizadas de modo que você saiba os objetivos daqueles jogos e quais os recursos necessários para a sua realização. Além das regras, há modelos de cartas, tabuleiros e fichas de anotações, quando isso se fizer necessário.

Quase sempre a proposta contém sugestões de exploração e exemplos de produções de alunos que ilustram alguns dos comentários que fizemos sobre o jogo no ensino e na aprendizagem da matemática.

PARA FECHAR ESTA CONVERSA

Como você deve ter percebido, não pensamos no jogo no ensino médio como uma atividade esporádica, que se possa fazer apenas para tornar uma ou outra aula mais divertida ou diferente. Também não pensamos no jogo como algo que seja feito fora da sala de aula. Para nós, o jogo é bem mais que isso. A possibilidade de utilizar os jogos relaciona-se com a aprendizagem, com a própria construção de conhecimento matemático e, portanto, com a resolução de problemas.

Para nós o jogo nas aulas de matemática é uma atividade séria, que exige planejamento cuidadoso, avaliação constante das ações didáticas e das aprendizagens dos alunos.

Nossos estudos mostram que, quando as situações de jogos são bem aproveitadas, todos ganham. Ganha o professor porque tem possibilidade de propor formas diferenciadas de os alunos aprenderem, permitindo um maior envolvimento de todos e criando naturalmente uma situação de atendimento à diversidade, uma vez que cada jogador é quem controla seu ritmo, seu tempo de pensar e de aprender. Ganha o aluno que aprenderá mais matemática, ao mesmo tempo em que desenvolve outras habilidades que lhe serão úteis por toda a vida e não apenas para matemática.

Jogos Envolvendo Trigonometria

É sabido que o estudo da trigonometria é importante por possibilitar o cálculo de distâncias inacessíveis, por ter seu valor cultural, por permitir o desenvolvimento do pensar algébrico e geométrico, por favorecer a conexão entre os conhecimentos matemáticos e de áreas, como, por exemplo, a física.

Investir tempo no trabalho com jogos voltados ao estudo da trigonometria possibilita que os alunos aprimorem o cálculo mental, memorizem valores usuais de funções trigonométricas, realizem cálculos aproximados e cálculos por estimativa envolvendo relações trigonométricas, adquiram maior desenvoltura no cálculo algébrico das identidades e equações trigonométricas, retomem e ampliem os conhecimentos referentes a números e operações.

Os três jogos apresentados neste bloco do caderno foram planejados de modo a permitir ao aluno pensar mais sobre medidas em triângulos, bem como aprofundar conceitos e procedimentos trigonométricos.

O jogo *Batalha naval circular* explora a localização de alvos em um círculo orientado, utilizando como coordenadas raios e ângulos.

O jogo *Batalha trigonométrica* traz uma ampliação em relação ao jogo anterior, pois, para realizá-lo, o aluno necessita localizar os alvos em um círculo trigonométrico, utilizando coordenadas relacionadas às funções seno, cosseno e tangente. Além disso, favorece o cálculo mental e possibilita a memorização de valores usuais dessas funções.

O jogo de percurso *Trigonometrilha* propicia que os alunos utilizem as relações simples de funções trigonométricas em arcos fundamentais, realizando cálculos aproximados de raízes quadradas e estimativas envolvendo relações trigonométricas.

Batalha Naval Circular

O objetivo deste jogo é desenvolver a localização de pontos no círculo orientado envolvendo ângulos notáveis.

Organização da classe: em duplas.

Recursos necessários: uma cópia do tabuleiro para cada jogador e lápis colorido.

ORIENTE SEUS ALUNOS QUANTO ÀS REGRAS

1. Cada jogador posiciona a esquadra em seu tabuleiro sem que seu oponente veja.
   Uma esquadra é formada por:
   - 1 porta-aviões (4 marcas X em posições consecutivas em uma reta ou em uma circunferência);
   - 2 submarinos (3 marcas O em posições consecutivas em uma reta ou em uma circunferência);
   - 3 *destroyers* (2 marcas △ em posições consecutivas em uma reta ou em uma circunferência);
   - 4 fragatas (1 marca #).

   A seguir, veja um exemplo de tabuleiro preenchido com uma esquadra:

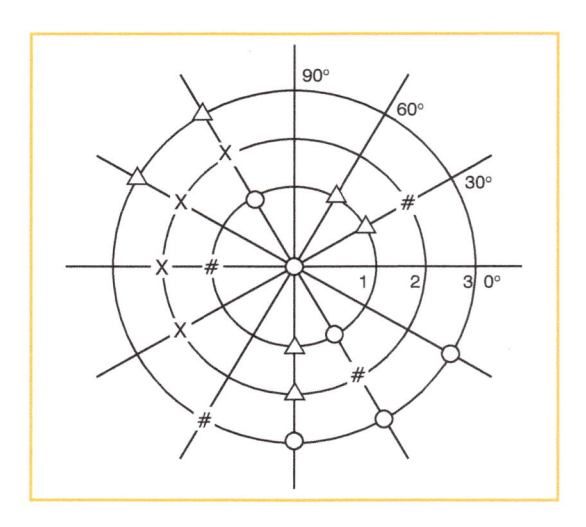

2. Decide-se quem começa.
3. Alternadamente, cada jogador tem direito a fazer um lançamento falando uma posição do tabuleiro. Uma posição corresponde à forma (medida do raio, ângulo). Por exemplo: (3,120°) corresponde a uma parte do *destroyer* marcado no tabuleiro acima.
4. Se o lançamento atingir alguma das embarcações do oponente, este diz "acertou" e especifica o tipo de embarcação. O jogador registra no tabuleiro destinado às marcas do seu oponente a embarcação atingida e volta a fazer um novo lançamento. Ele deverá continuar jogando até errar.
5. Se o lançamento não atingir nenhuma embarcação, o oponente diz "água" e é sua vez de jogar.
6. Os jogadores prosseguem até que uma das frotas seja totalmente destruída.
7. Vence o jogador que conseguir atingir todas as embarcações de seu oponente.

ALGUMAS EXPLORAÇÕES POSSÍVEIS

Para explorar melhor o conteúdo matemático presente no jogo, além de jogar algumas vezes, recomenda-se solicitar que os alunos resolvam problemas a partir do jogo ou produzam algum registro focando o que aprenderam com ele, ou ainda

Ensino Médio – Jogos de Matemática

criar novos problemas e novos jogos. Veja uma situação-problema que pode ser proposta:

> Ao realizar o lançamento (3, 270º), você recebeu a confirmação de que tinha atingido o porta-aviões de seu oponente. Liste os possíveis lançamentos que você pode fazer para atingir todo o navio.

COMUNICANDO A APRENDIZAGEM

Os alunos podem mostrar o que aprenderam de diferentes maneiras:

1. Criar problemas a partir do jogo para outros colegas resolverem;
2. Escrever dicas de como ser bem-sucedido nesse jogo.

VARIAÇÕES

Depois de jogar algumas vezes esse jogo, explorar o tabuleiro e propor problematizações a partir dele. Existe, também, a possibilidade de criar um novo tabuleiro com ângulos de 45º em 45º para que o aluno possa explorar os ângulos múltiplos de 45º.

TABULEIRO/ CARTAS

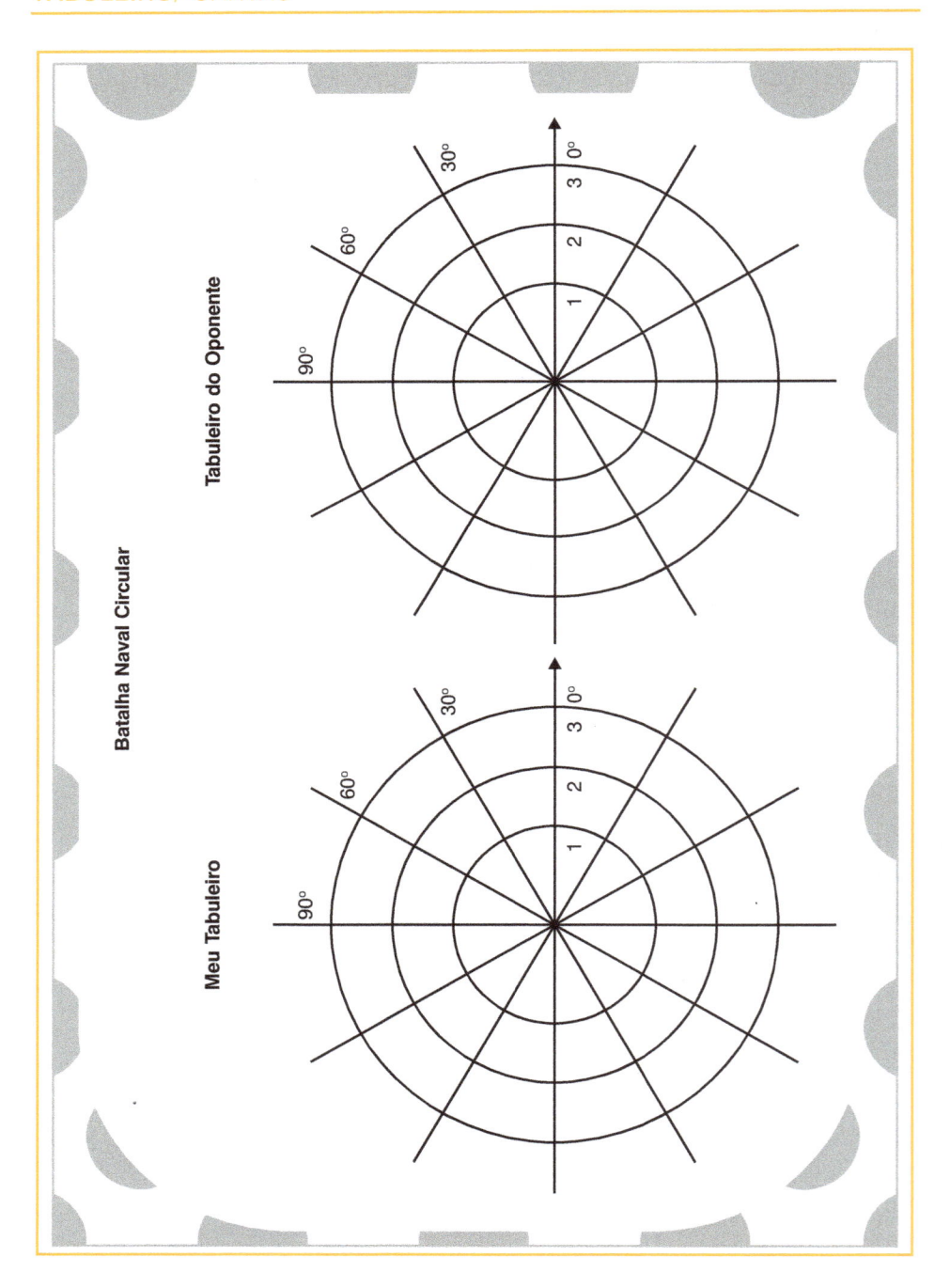

Batalha Naval Circular

Tabuleiro do Oponente

Meu Tabuleiro

Batalha Trigonométrica

Este jogo, proposto durante e após o estudo da trigonometria da primeira volta, pode auxiliar os alunos a localizarem adequadamente pontos no círculo trigonométrico, compreendendo a relação do seno, do cosseno e da tangente de ângulos no círculo e favorecendo a memorização de alguns valores dessas funções trigonométricas.

Organização da classe: em duplas ou duas duplas que jogam uma contra a outra.

Recursos necessários: um tabuleiro, 12 marcadores em duas cores diferentes (seis marcadores de cada cor) e uma folha de registro para cada jogador.

ORIENTE SEUS ALUNOS QUANTO ÀS REGRAS

1. Cada jogador marca em seu tabuleiro duas ternas, uma de cada cor, sem que seu oponente veja. Uma terna corresponde a três pontos seguidos no círculo trigonométrico. Um exemplo de tabuleiro preenchido com duas ternas é o seguinte:

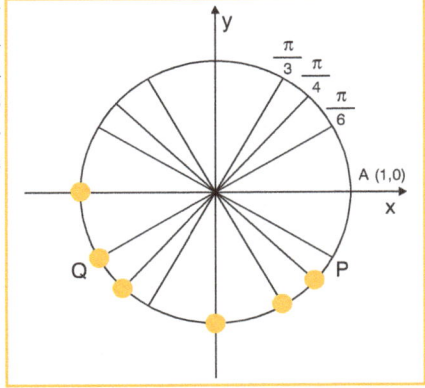

2. Decide-se quem começa. Os jogadores alternam-se.
3. Na sua vez, o jogador faz um lançamento, tentando acertar um dos pontos de alguma das ternas de seu oponente. Um lançamento é um par de condições retirado da caixa de possibilidades, desde que esse par não tenha sido utilizado em alguma jogada anterior, sua ou de seu oponente. Alguns exemplos de lançamentos:

   O lançamento $\left(\operatorname{sen}\alpha = -\frac{1}{2}, \operatorname{tg}\alpha = -\frac{\sqrt{3}}{3}\right)$ atinge o valor $\alpha = \frac{11\pi}{6}$ correspondente ao ponto P que, no tabuleiro do exemplo, significa um tiro na água.

   O lançamento $\left(\operatorname{sen}\alpha = -\frac{1}{2}, \operatorname{tg}\alpha = +\frac{\sqrt{3}}{3}\right)$ corresponde a $\alpha = \frac{7\pi}{6}$ que, no tabuleiro do exemplo, atinge o ponto Q da terna em vermelho.

4. O oponente deve informar se o lançamento atingiu alguma de suas ternas ou a água.
5. Cada lançamento só poderá ser feito uma vez durante a partida. Caso um jogador queira fazer lançamento no mesmo ponto que seu oponente, ele terá de mudar pelo menos uma das condições do par para ter um lançamento válido.
6. Caso um dos jogadores faça um lançamento inconsistente, ou seja, o par de condições não corresponde a nenhum ponto do tabuleiro, ele será multado, deixando de jogar uma vez. Por exemplo, não existe α para o lançamento ($\cos\alpha = -\frac{1}{2}$, e $\operatorname{sen}\alpha = -1$).
7. Ganha o jogo, aquele que conseguir atingir primeiro todas as ternas de seu oponente.

ALGUMAS EXPLORAÇÕES POSSÍVEIS

Para que os alunos tenham tempo de aprender a matemática presente no jogo, é importante jogar algumas vezes. Resolver problemas a partir do jogo, ou produzir algum registro, ou ainda criar novos problemas e novos jogos também contribuem para a aprendizagem do aluno. Pode-se propor algumas atividades relacionadas a:

- Diferentes maneiras de dar as coordenadas dos pontos marcados em um tabuleiro.

   Anote os lançamentos que podem ser feitos para atingir as ternas registradas no seguinte tabuleiro:

Ensino Médio – Jogos de Matemática

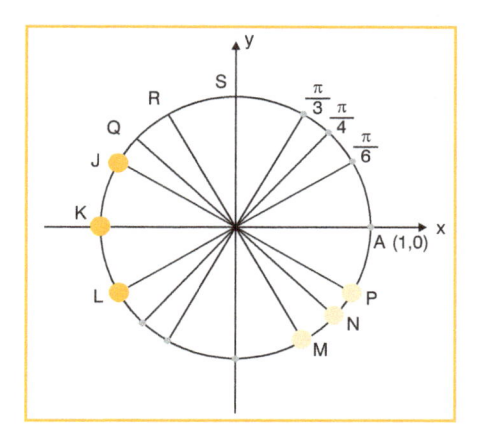

Agora compare suas respostas com as de seu colega. Há situações em que é possível registrar mais de um par ordenado para localizar um mesmo ponto no tabuleiro? Justifique.

◆ Análise de erros:

Ana queria atingir o ponto M do tabuleiro do exemplo. Fez o seguinte lançamento: $\cos \alpha = \frac{1}{2}$ e $\sin \alpha = \frac{\sqrt{3}}{2}$. É possível atingir o alvo? Justifique sua resposta. O que você mudaria nas coordenadas dadas por Ana para que ela atingisse o ponto J?

◆ Relacionar medidas de ângulos e de arcos em graus e em radianos:

Apresente duas possibilidades de lançamento para atingir o ponto do círculo trigonométrico que corresponde à medida angular de 150° no sentido horário.

◆ Produção de textos:

Escreva uma lista de dicas para que um jogador tenha bons resultados nesse jogo.

COMUNICANDO A APRENDIZAGEM

O jogo *Batalha trigonométrica* tem a função de trabalhar um conteúdo já estudado e permitir que os alunos estabeleçam novas relações a partir dele e das atividades que podem ser feitas. Portanto, as propostas de exploração podem ser bons momentos de avaliação tanto em relação ao próprio movimento do jogo quanto em relação aos seus objetivos matemáticos.

FOLHA DE REGISTROS

Nome:			
Meus lançamentos	Alvo	Lançamentos do oponente	Alvo

TABULEIRO/CARTAS

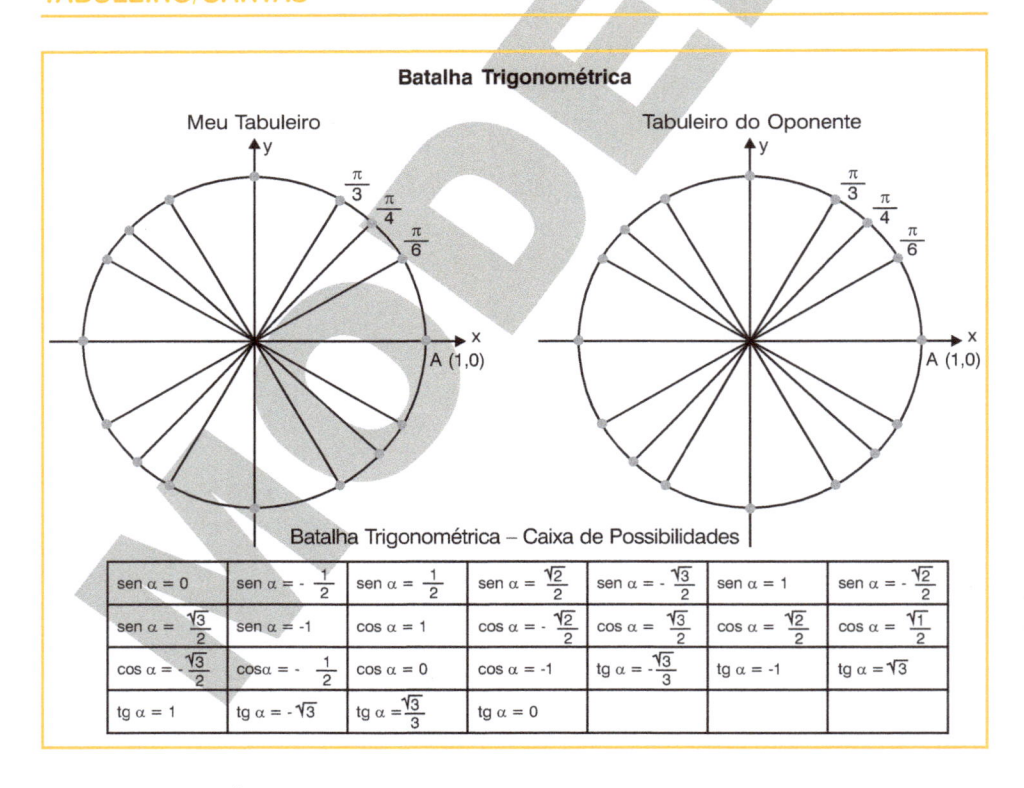

Batalha Trigonométrica

Meu Tabuleiro • Tabuleiro do Oponente

Batalha Trigonométrica – Caixa de Possibilidades

sen $\alpha = 0$	sen $\alpha = -\frac{1}{2}$	sen $\alpha = \frac{1}{2}$	sen $\alpha = \frac{\sqrt{2}}{2}$	sen $\alpha = -\frac{\sqrt{3}}{2}$	sen $\alpha = 1$	sen $\alpha = -\frac{\sqrt{2}}{2}$
sen $\alpha = \frac{\sqrt{3}}{2}$	sen $\alpha = -1$	cos $\alpha = 1$	cos $\alpha = -\frac{\sqrt{2}}{2}$	cos $\alpha = \frac{\sqrt{3}}{2}$	cos $\alpha = \frac{\sqrt{2}}{2}$	cos $\alpha = \frac{\sqrt{1}}{2}$
cos $\alpha = -\frac{\sqrt{3}}{2}$	cos $\alpha = -\frac{1}{2}$	cos $\alpha = 0$	cos $\alpha = -1$	tg $\alpha = -\frac{\sqrt{3}}{3}$	tg $\alpha = -1$	tg $\alpha = \sqrt{3}$
tg $\alpha = 1$	tg $\alpha = -\sqrt{3}$	tg $\alpha = \frac{\sqrt{3}}{3}$	tg $\alpha = 0$			

Trigonometrilha

E.M. 1º 2º 3º

Este é um jogo de percurso cujo objetivo é possibilitar aos alunos a utilização de relações simples das funções trigonométricas em arcos fundamentais, o cálculo aproximado de raízes quadradas, o cálculo de valores aproximados e a realização de estimativas envolvendo relações trigonométricas.

Organização da classe: em duplas ou duas duplas que jogam uma contra a outra.

Recursos necessários: um tabuleiro, dois marcadores de cores diferentes, um para cada jogador, papel, lápis e um baralho de cartas que serão separadas em quatro montes:

- Monte de cartas com medidas entre 0 e $\frac{\pi}{2}$ radianos.
- Monte de cartas com valores 0, π e -π radianos.
- Monte de cartas com medidas entre -$\frac{\pi}{2}$ e 0.
- Monte de cartas com valores $\frac{\pi}{2}$ e -$\frac{\pi}{2}$ radianos.

ORIENTE SEUS ALUNOS QUANTO ÀS REGRAS

1. As cartas são separadas de acordo com as indicações, embaralhadas e colocadas em cada monte no centro do tabuleiro com as faces voltadas para baixo.
2. Decide-se quem começa o jogo. Os marcadores são colocados na posição indicada como PARTIDA.
3. Em cada jogada, o jogador retira uma carta de um dos quatro montes à sua escolha; calcula o valor de x da casa onde se encontra seu marcador, substituindo α pelo valor da carta; anota o valor obtido para x (que deve ser conferido pelos demais jogadores). Essa carta não poderá mais ser utilizada nas jogadas seguintes.
4. Cada jogador desloca seu marcador o número de casas correspondente ao valor de x, consultando a tabela registrada no tabuleiro.
5. Se o jogador errar o valor aproximado de x, perde a vez de jogar.
6. Vence o jogador que fizer, em primeiro lugar, uma volta completa no tabuleiro (passando novamente pela casa de partida).
7. À medida que acabarem as cartas de cada monte, estas serão novamente embaralhadas e repostas no respectivo monte.

ALGUMAS EXPLORAÇÕES POSSÍVEIS

Antes de realizar o jogo, pode-se propor questões para explorar o tabuleiro, observar os valores de x nas diferentes casas ou analisar simulações de jogadas:

- Em cada expressão, calcule o valor de x quando os arcos forem $\frac{\pi}{6}$ e $\frac{\pi}{4}$:

  $x = 2\ \text{sen}\ \alpha$ $x = \text{sen}\ 2\alpha$ $x = \text{sen}^2\ \alpha$ $x = 2 + \text{sen}\ \alpha$

Ensino Médio – Jogos de Matemática

Compare os resultados obtidos e responda: que modificações o número 2 provoca na resposta de cada uma das igualdades?

◆ Identifique no tabuleiro do *Trigonometrilha* todas as casas cujas igualdades envolvem a função cosseno. Calcule os valores dessas casas para os arcos $\frac{\pi}{6}$ e $-\frac{\pi}{6}$; $\frac{\pi}{4}$ e $-\frac{\pi}{4}$; $\frac{\pi}{3}$ e $-\frac{\pi}{3}$. Estabeleça uma relação entre os resultados dos arcos do primeiro quadrante com os resultados dos arcos do quarto quadrante.

◆ Você está posicionado em uma das casas que possui um triângulo e deseja avançar pelo menos uma casa. Quais os montes em que você não deve retirar uma carta? Justifique sua resposta.

◆ Você está na casa $x = 1 + tg^2\, \alpha$. Para quais valores de α você pode voltar duas casas?

◆ Que sugestões você daria a alguém que se posiciona em cada uma das casas indicadas a seguir:

$x = \dfrac{1}{\cos \alpha}$ $x = tg\, \alpha + tg\, (\dfrac{\pi}{2} - \alpha)$

$x = tg\, 2\alpha$ $x = tg\, \alpha + tg\, (\pi - \alpha)$

Há outras casas para as quais você faria recomendações especiais? Por quê?

COMUNICANDO A APRENDIZAGEM

Os alunos podem mostrar o que aprenderam de diferentes maneiras:

1. Fazer uma lista coletiva de suas aprendizagens.
2. Determinar os valores de x em cada casa e estabelecer uma relação entre esses valores, as equações e as medidas de arcos.
3. Criar ou resolver problemas a partir do jogo. Como por exemplo:
   ◆ Em quais casas você tem maiores chances de avançar cinco casas? Por quê?
   ◆ Explique as situações nas quais pode ocorrer $x < -2,5$ e porque você volta cinco casas.
4. Decidir, a partir de uma simulação de jogada, qual ação acredita ser a mais vantajosa.

TABULEIRO

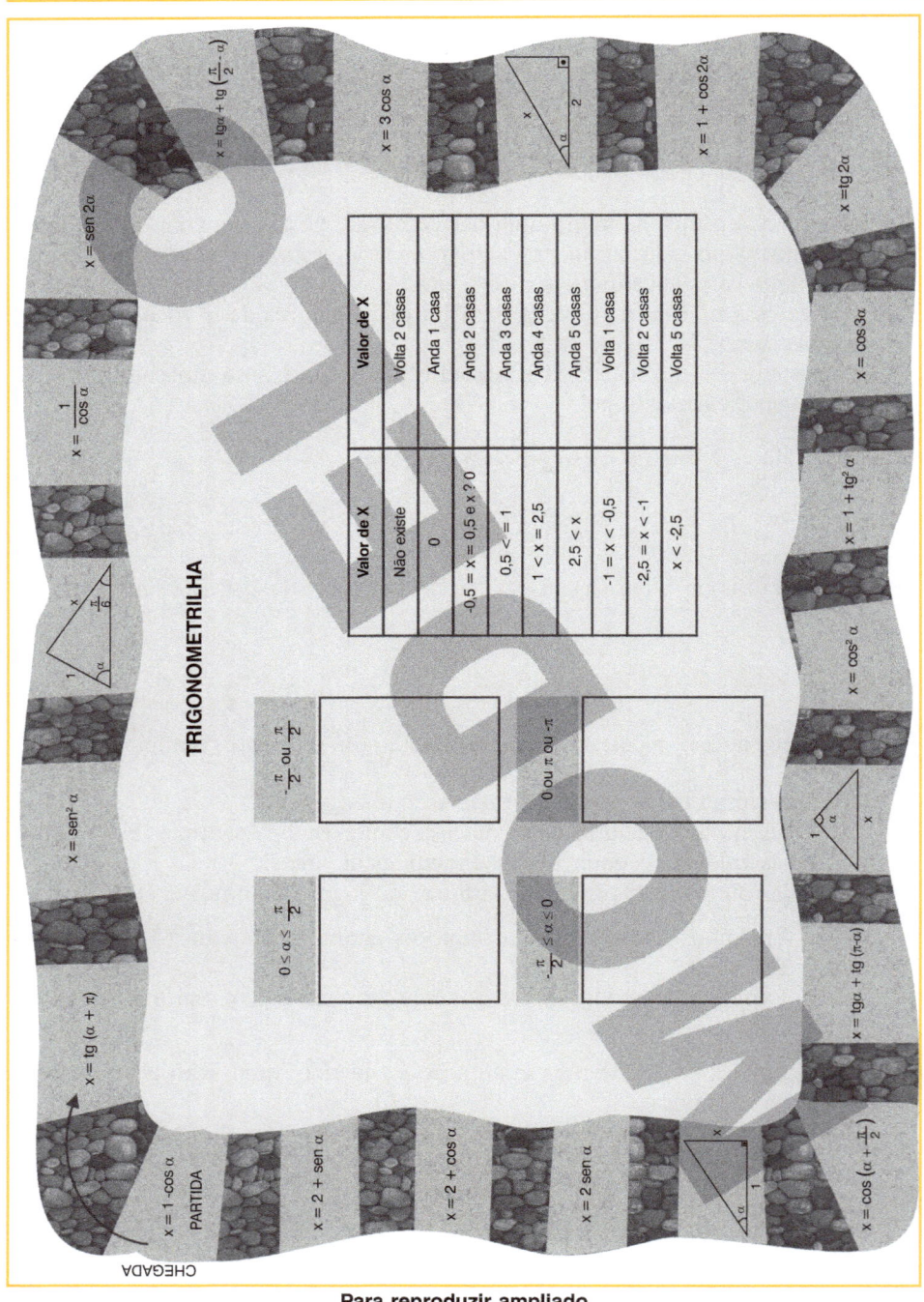

TRIGONOMETRILHA

Valor de X	
Não existe	Volta 2 casas
0	Anda 1 casa
$-0,5 = x = 0,5$ e $x \neq 0$	Anda 2 casas
$0,5 <= 1$	Anda 3 casas
$1 < x = 2,5$	Anda 4 casas
$2,5 < x$	Anda 5 casas
$-1 = x < -0,5$	Volta 1 casa
$-2,5 = x < -1$	Volta 2 casas
$x < -2,5$	Volta 5 casas

Casas do tabuleiro (ao redor):

- PARTIDA
- $x = 1 - \cos \alpha$
- $x = 2 + \text{sen } \alpha$
- $x = 2 + \cos \alpha$
- $x = 2 \text{ sen } \alpha$
- $x = \cos\left(\alpha + \frac{\pi}{2}\right)$
- (triângulo com cateto 1, hipotenusa x, ângulo α)
- $x = \text{tg}\alpha + \text{tg}(\pi - \alpha)$
- $x = \cos^2 \alpha$
- $x = 1 + \text{tg}^2 \alpha$
- $x = \cos 3\alpha$
- $x = \text{tg } 2\alpha$
- $x = 1 + \cos 2\alpha$
- (triângulo retângulo com cateto 2, hipotenusa x, ângulo α)
- $x = 3 \cos \alpha$
- $x = \text{tg}\alpha + \text{tg}\left(\frac{\pi}{2} - \alpha\right)$
- $x = \text{sen } 2\alpha$
- $x = \dfrac{1}{\cos \alpha}$
- (triângulo com hipotenusa 1, ângulo $\frac{\pi}{6}$, cateto x)
- $x = \text{sen}^2 \alpha$
- $x = \text{tg }(\alpha + \pi)$
- CHEGADA

Caixas centrais:
- $0 \le \alpha \le \frac{\pi}{2}$
- $-\frac{\pi}{2}$ ou $\frac{\pi}{2}$
- $-\frac{\pi}{2} \le \alpha \le 0$
- 0 ou π ou $-\pi$

Para reproduzir ampliado

CARTAS

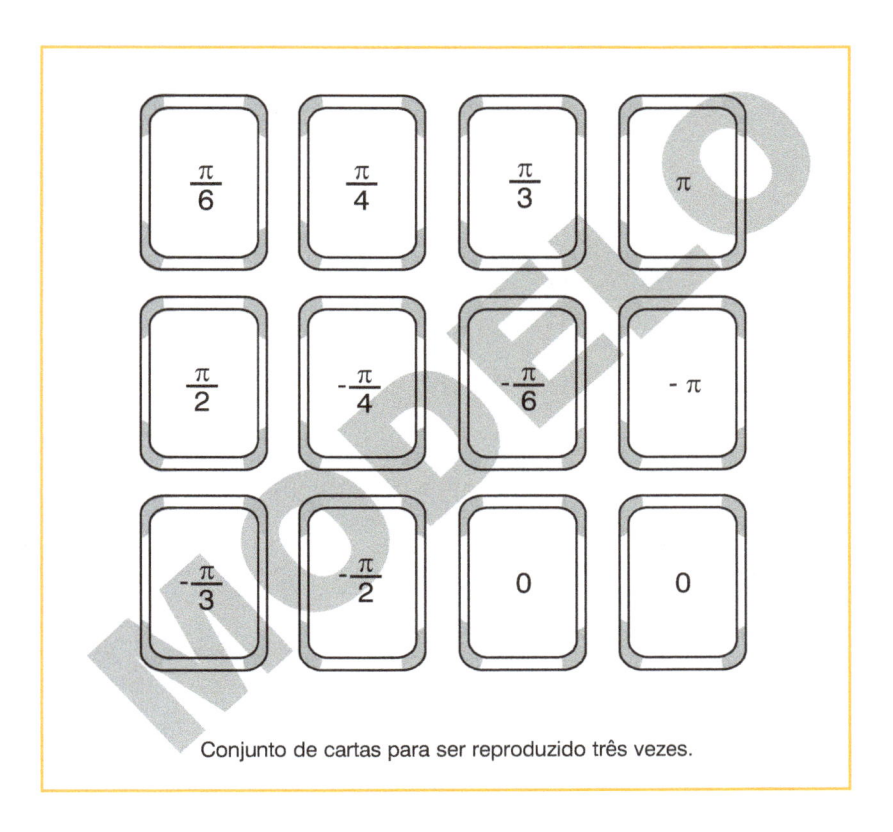

$\dfrac{\pi}{6}$	$\dfrac{\pi}{4}$	$\dfrac{\pi}{3}$	π
$\dfrac{\pi}{2}$	$-\dfrac{\pi}{4}$	$-\dfrac{\pi}{6}$	$-\pi$
$-\dfrac{\pi}{3}$	$-\dfrac{\pi}{2}$	0	0

Conjunto de cartas para ser reproduzido três vezes.

Jogos Envolvendo Geometria

O ensino de geometria no ensino médio está associado ao estudo das propriedades relacionadas à posição das formas e às medidas. Esses dois focos possibilitam duas maneiras diferentes de pensar a geometria: uma marcada pela identificação de propriedades e outra marcada pela quantificação de volumes, áreas e comprimentos.

Se, por um lado, podemos identificar o ensino da geometria na escola com o estudo de objetos geométricos, suas relações e propriedades, as quais podem ser formalizadas em um sistema axiomático construído para representar essas mesmas relações e propriedades, por outro lado, é possível compreendermos esse ensino como o desenvolvimento do chamado *raciocínio espacial*. Este consiste no conjunto de processos que permitem construir representações mentais dos objetos geométricos e suas propriedades.

A geometria e o raciocínio espacial estão fortemente inter-relacionados. Nesse sentido, diferentes estudos sobre o ensino e a aprendizagem da matemática (Clements e Battista, 1987; Usiskin 1994; Hoffer 1981) têm afirmado sua importância no desenvolvimento do pensamento geométrico. Os mesmos estudos levam-nos a perceber que esse desenvolvimento não ocorre de forma rápida, e nem somente ao longo do ensino fundamental, cabendo ao ensino médio uma parte considerável dessa tarefa.

Em um estudo sobre o pensamento geométrico, Hoffer (1981) afirma que o pensamento geométrico está associado à aquisição de determinadas habilidades geométricas, entre as quais destaca cinco: visuais, verbais, de desenho, lógica e aplicadas.

Para ele, as habilidades visuais estão relacionadas à capacidade de ler desenhos e esquemas, discriminar formas e visualizar as propriedades nelas contidas. As habilidades verbais envolvem a capacidade de expressar percepções, elaborar e discutir argumentos, justificativas e definições, descrever objetos geométricos e empregar o vocabulário geométrico. As habilidades de desenho contemplam a capacidade de expressar ideias por meio de desenhos e diagramas, fazer construções com régua, compasso, esquadro, transferidor e programas gráficos de computador. As habilidades lógicas, por sua vez, relacionam-se à capacidade de analisar argumentos e definições, reconhecer argumentos válidos e não válidos, dar contraexemplos, compreender e elaborar demonstrações. Finalmente, as habilidades aplicadas envolvem a capacidade de observar a geometria no mundo físico, apreciar e reconhecer a geometria em diferentes áreas.

Acreditamos que o uso de jogos geométricos pode servir tanto para que os alunos compreendam melhor os conceitos geométricos quanto para que desenvolvam seu pensar geométrico e adquiram as habilidades propostas por Hoffer.

Nos jogos propostos neste caderno, contemplamos a geometria de sólidos geométricos, em particular os poliedros, e também a geometria analítica. Enquanto jogam, os alunos devem analisar definições e propriedades, ler desenhos, compreender diferentes formas de representação dos elementos geométricos e justificar suas escolhas nas jogadas mediante o uso de termos, expressões e vocabulário próprios da geometria.

O *Jogo dos poliedros* permite que os alunos desenvolvam a leitura e a interpretação de símbolos e códigos em diferentes representações (a linguagem geométrica) e que classifiquem os sólidos geométricos em poliedros ou não poliedros, prismas ou pirâmides, a partir da observação da representação do sólido, do reconhecimento das suas propriedades, da sua planificação e do seu respectivo nome.

O jogo *Cara a cara de poliedros* enfatiza a identificação dos poliedros por meio de seus nomes, relacionando-os às propriedades geométricas que envolvem propriedades relativas a faces, vértices e arestas.

O jogo *Capturando pontos* aprimora a compreensão de intervalo, as propriedades da circunferência e de sua equação e a representação de pontos no plano cartesiano.

Jogo dos Poliedros*

Os objetivos deste jogo consistem em permitir que os alunos identifiquem poliedros e não poliedros, que diferenciem prismas de pirâmides, utilizando-se da visualização de figuras, do reconhecimento de um objeto a partir de suas propriedades ou de sua planificação e que os relacionem com o respectivo nome. Além disso, o jogo estimula o desenvolvimento da percepção espacial, a leitura e a interpretação de símbolos e códigos em diferentes representações geométricas.

Organização da classe: grupo de quatro jogadores.

Recursos necessários: conjunto com 50 cartas: 10 cartas contendo figuras de sólidos geométricos, 10 cartas contendo nomes de sólidos geométricos, 10 cartas com planificações e 10 cartas com propriedades; 6 cartas contendo elementos de não poliedros (figuras ou nomes) e 4 cartas de propriedades em branco, papel e lápis.

ORIENTE SEUS ALUNOS QUANTO ÀS REGRAS

1. O objetivo do jogo é formar famílias de quatro cartas. Cada família é constituída pelo nome do sólido geométrico, pelo seu desenho, pela planificação e por uma carta com propriedades do sólido. Ao todo existem 10 famílias.
2. Embaralham-se as cartas e coloca-se o baralho virado para baixo.

---

*Adaptado de Sá, A.J.C. *A aprendizagem da matemática e o jogo*. 1. Ed. Lisboa: APM, 1995.

3. Um dos jogadores tira uma das cartas do baralho e coloca em cima da mesa com a face virada para cima.
4. Em seguida, o outro jogador procede do mesmo modo.
5. Se a carta tirada por um dos jogadores pertence à mesma família de uma das cartas já viradas, deve colocá-la abaixo dela.
6. Se um dos jogadores colocar uma das cartas na família errada, ele perde a vez de jogar e essa carta é colocada no fim do baralho.
7. Se a carta tirada por um dos jogadores refere-se a um não poliedro, ele perde a vez de jogar.
8. Se a carta que sair for uma carta propriedades "em branco", ele poderá utilizá-la em qualquer momento do jogo para formar uma família. Contudo, deverá dizer três propriedades do sólido que o distingue de todos os outros poliedros.
9. O jogo termina quando todas as famílias estiverem formadas.

Ao final, ganha o jogo quem tiver mais pontos de acordo com as seguintes regras de pontuação:

◆ Sempre que um dos jogadores coloca uma carta abaixo de outra ganha um ponto.
◆ Se um dos jogadores completa uma das famílias, ele ganha quatro pontos.

ALGUMAS EXPLORAÇÕES POSSÍVEIS

A organização das famílias de poliedros é feita sobre a mesa, possibilitando a observação de todos os jogadores. Isso permite que sejam feitas diversas explorações que contemplam situações de jogada. Propor questionamentos nos quais os alunos possam se colocar na posição de outro para tomar uma decisão sobre qual jogada faria e explicar por que. Isso contribui para que os alunos reflitam sobre suas ações durante o jogo e sobre a aprendizagem dos conceitos matemáticos envolvidos.

É interessante sugerir que os grupos criem problemas a partir do jogo. Esses problemas podem ser trocados entre os grupos para que eles os resolvam. Veja a seguir alguns exemplos de problemas que podem ser criados.

1. Associe a primeira coluna de acordo com a segunda:

   a) prisma de base pentagonal   (x) V = 6; F = 6; A = 10
   b) prisma de base hexagonal   (x) V = 12; F = 8; A = 18
   c) pirâmide de base pentagonal   (x) V = 17; F = 7; A = 12
   d) pirâmide de base hexagonal   (x) V = 10; F = 7; A = 15

2. Quais dos poliedros abaixo apresentam as seguintes características: número par de vértices e número ímpar de arestas e faces.

a) prisma reto de base retangular e pirâmide reta de base triangular.
b) prisma reto de base hexagonal e pirâmide reta de base pentagonal.
c) prisma reto de base triangular e prisma reto de base pentagonal.
d) prisma reto de base triangular e pirâmide oblíqua de base triangular.

Veja duas situações-problema criadas pelos alunos do 3º ano do ensino médio:

COMUNICANDO A APRENDIZAGEM

A proposta de exploração do jogo a partir da criação de problemas pode favorecer a explicitação do aluno em relação ao que aprendeu com a atividade. Isso ocorre porque, ao pensar em um problema, o aluno terá de fazer escolhas quanto ao tipo de pergunta que formulará, quais relações estabelecerá e, consequentemente, quais informações disponibilizará ao leitor, além de verificar quais são as soluções possíveis para o problema que criou.

CARTAS

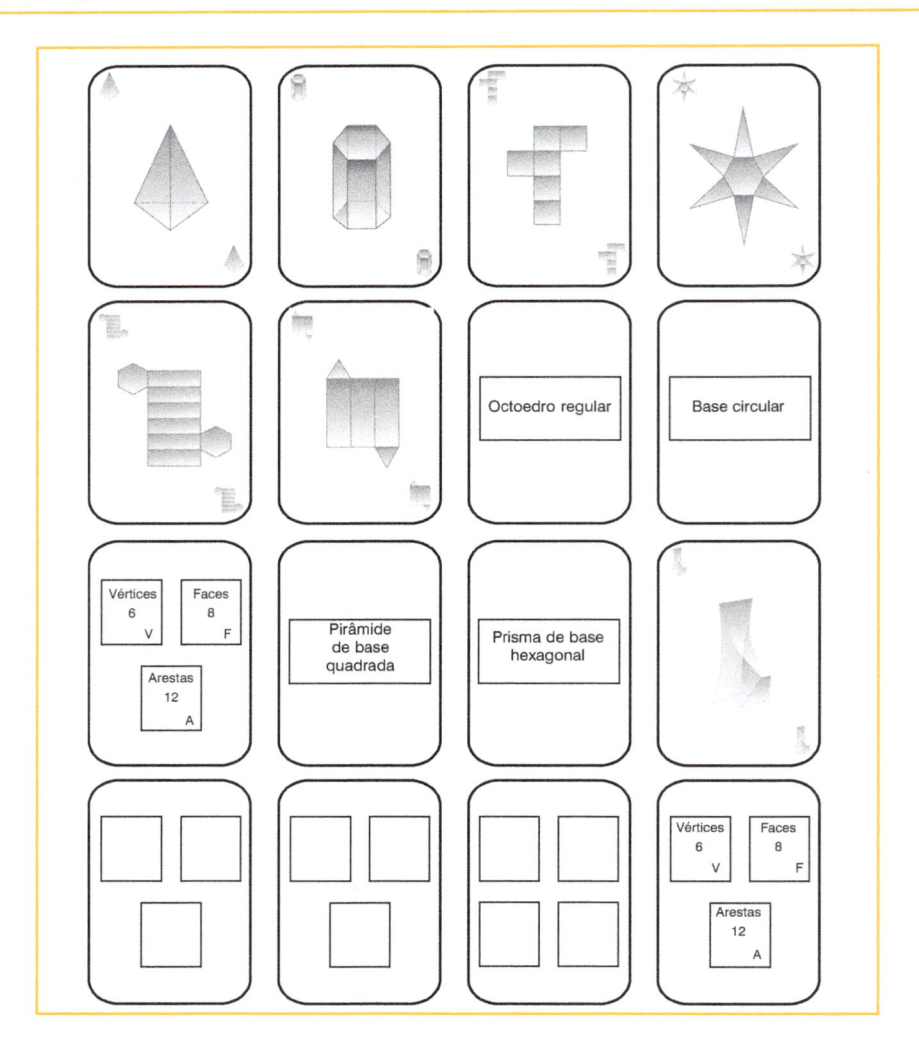

Ensino Médio – Jogos de Matemática

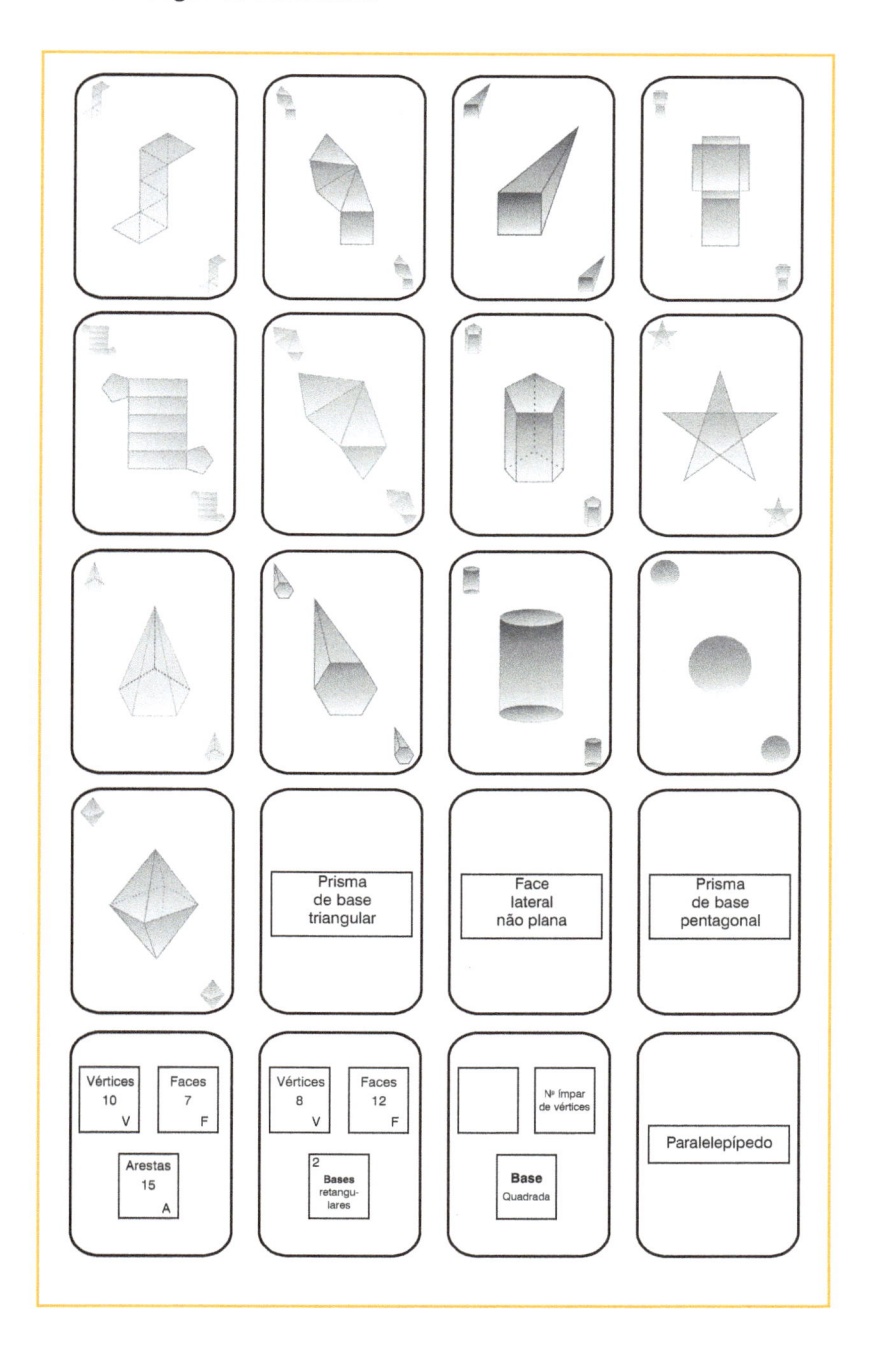

Prisma de base triangular	Face lateral não plana	Prisma de base pentagonal

| Vértices 10 V | Faces 7 F | Vértices 8 V | Faces 12 F | Nº ímpar de vértices | Paralelepípedo |
| Arestas 15 A | | 2 Bases retangulares | | Base Quadrada | |

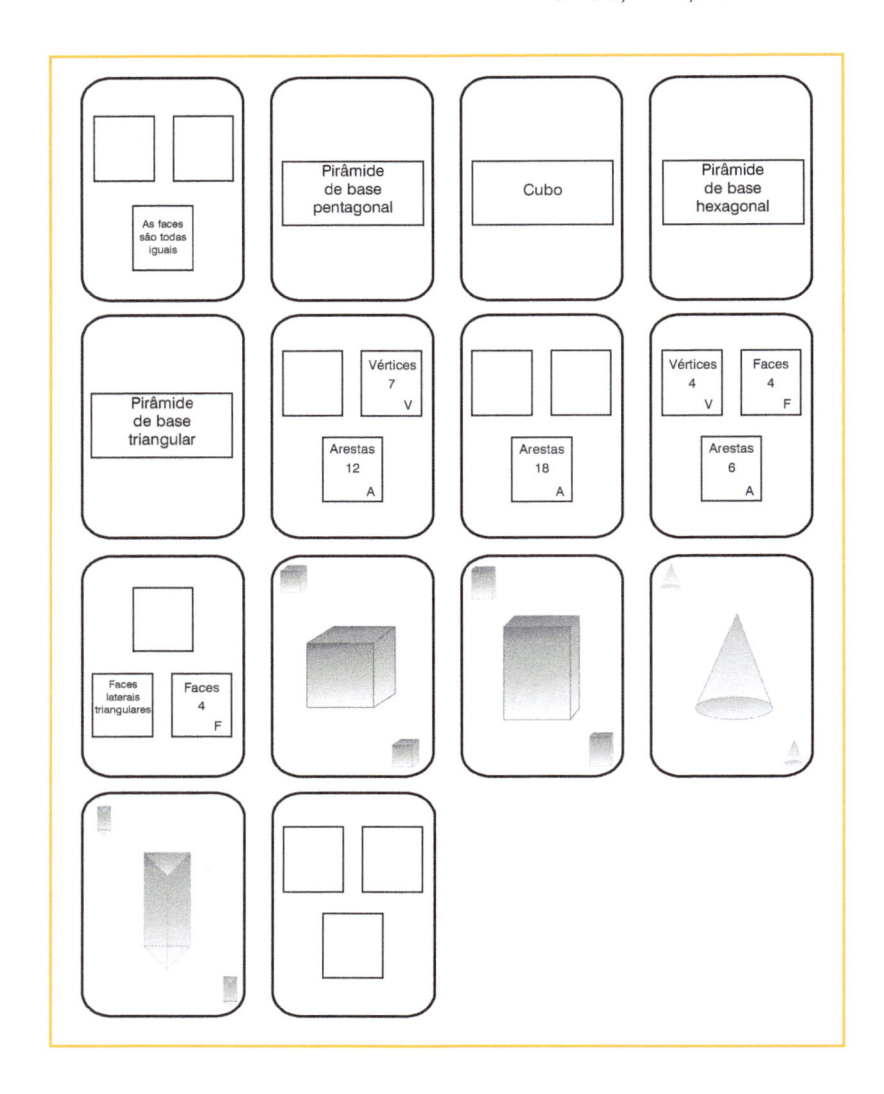

As faces são todas iguais	Pirâmide de base pentagonal	Cubo	Pirâmide de base hexagonal
Pirâmide de base triangular	Vértices 7 V / Arestas 12 A	Arestas 18 A	Vértices 4 V / Faces 4 F / Arestas 6 A
Faces laterais triangulares / Faces 4 F			

Cara a Cara de Poliedros

SÉRIES 1º 2º 3º

Os objetivos deste jogo são o desenvolvimento do raciocínio lógico-dedutivo e a identificação de poliedros pelos seus nomes, relacionando-os a algumas propriedades geométricas que envolvem faces, vértices e arestas.

Organização da classe: em duplas ou duas duplas que jogam uma contra a outra.

Recursos necessários: dois baralhos com nomes de poliedros (20 cartas em cada baralho) em duas cores distintas; um baralho de propriedades (26 cartas); cartazete com os sólidos e seus nomes, papel e lápis.

ORIENTE SEUS ALUNOS QUANTO ÀS REGRAS

1. Cada jogador recebe um conjunto de cartas com nomes de poliedros que ficam sobre a mesa voltadas para cima à frente de cada jogador, e as cartas propriedades são embaralhadas e colocadas no centro da mesa voltadas para baixo.
2. O cartazete é colocado de modo que os jogadores possam vê-lo durante o jogo.
3. Os jogadores escolhem um poliedro do cartazete, sem que seu oponente saiba qual é, e registram o nome do poliedro escolhido.
4. O objetivo de cada jogador é descobrir o poliedro de seu oponente.
5. Decide-se quem começa e, a partir daí, os participantes ou as duplas jogam alternadamente.
6. Na sua vez, o jogador retira uma carta do baralho de propriedades e pergunta a seu oponente se o poliedro escolhido por ele tem aquela pro-

priedade. O oponente deve responder apenas *sim* ou *não*. O jogador deverá excluir os poliedros que não lhe interessam. Por exemplo, se a carta retirada contiver *Algumas faces são triangulares* e a resposta for *sim*, ficam excluídos todos os poliedros que não contêm nenhuma face triangular; porém, se a resposta for *não*, significa que o poliedro escondido não tem faces triangulares, o que exclui todas as pirâmides, o octaedro e os prismas de base triangular.
7. O outro jogador procede do mesmo modo.
8. Ganha o jogo quem acertar o nome do poliedro escolhido por seu oponente.

ALGUMAS EXPLORAÇÕES POSSÍVEIS

Após jogar algumas vezes, é possível solicitar a resolução de situações como:

◆ Se a carta de propriedades sorteada for *Algumas faces são congruentes* e a resposta for SIM, quais poliedros podem ser excluídos?
◆ Quais cartas de poliedros são eliminadas quando a resposta é sim para a carta de propriedades *F é ímpar* ?
◆ Se, em uma sequência de duas jogadas, você souber que o sólido de seu oponente tem as propriedades *Possui apenas um par de faces paralelas* e *F é ímpar*, quais poliedros ainda ficariam na mesa? Há alguma propriedade enunciada que permita a você se decidir por um único poliedro?
◆ Escolha uma carta com o nome de um poliedro. Dentre as cartas propriedades, selecione aquelas que são satisfeitas pelo poliedro escolhido.

COMUNICANDO A APRENDIZAGEM

Algumas possibilidades de os alunos comunicarem o que aprenderam durante o jogo são:

1. Selecionar duas cartas de poliedros e listar as propriedades pertinentes a cada uma.
2. Propor que os alunos selecionem quatro cartas propriedades de tal modo que, do conjunto de cartas com nomes de poliedros, possam fazer exclusões que lhes permitam ficar apenas com a carta de poliedro *Prisma oblíquo de base quadrada*.

Ensino Médio – Jogos de Matemática

VARIAÇÕES

A ampliação desse jogo pode ser feita inserindo-se novas cartas de poliedros, cartas de propriedades e outros sólidos geométricos, como, por exemplo, o cilindro, o cone e a esfera.

Outra possibilidade é jogar sem as cartas propriedades. Nessa versão o jogador formularia as perguntas

CARTAS COM NOMES DE POLIEDROS

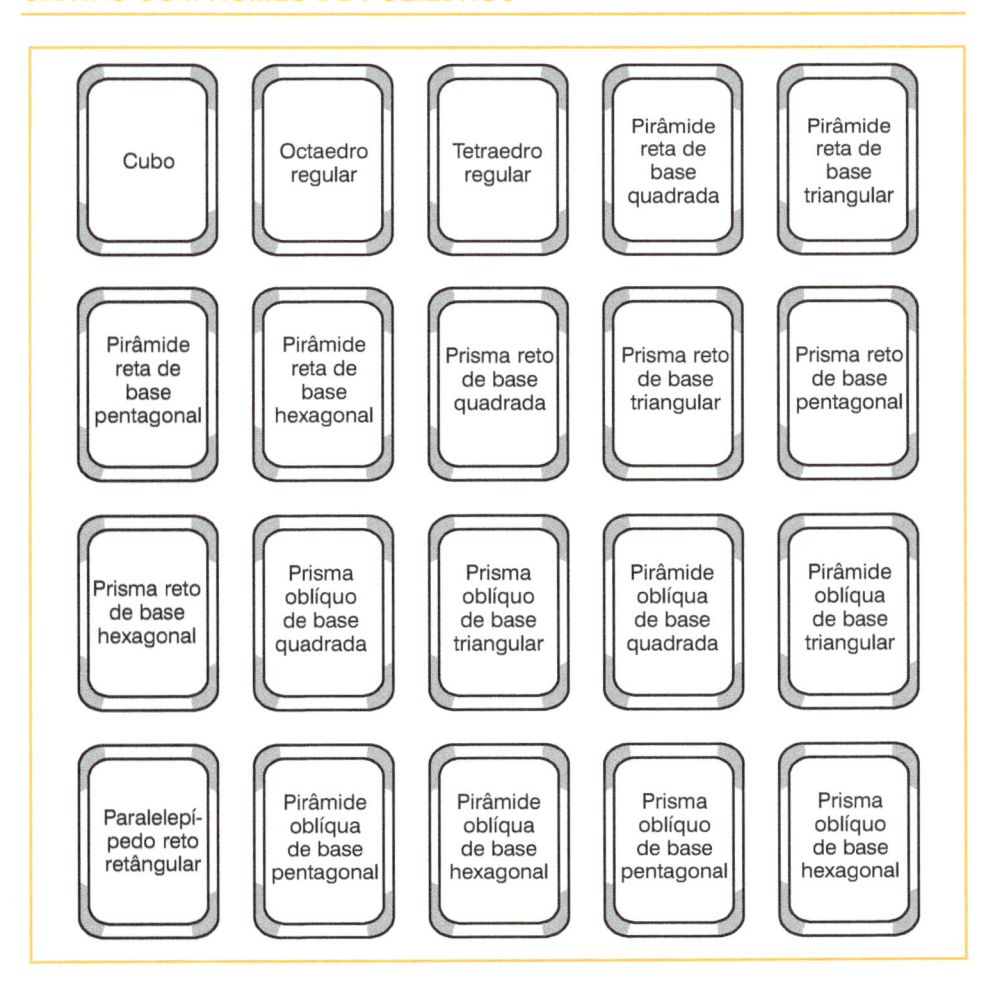

Cubo	Octaedro regular	Tetraedro regular	Pirâmide reta de base quadrada	Pirâmide reta de base triangular
Pirâmide reta de base pentagonal	Pirâmide reta de base hexagonal	Prisma reto de base quadrada	Prisma reto de base triangular	Prisma reto de base pentagonal
Prisma reto de base hexagonal	Prisma oblíquo de base quadrada	Prisma oblíquo de base triangular	Pirâmide oblíqua de base quadrada	Pirâmide oblíqua de base triangular
Paralelepípedo reto retângular	Pirâmide oblíqua de base pentagonal	Pirâmide oblíqua de base hexagonal	Prisma oblíquo de base pentagonal	Prisma oblíquo de base hexagonal

CARTAS DE PROPRIEDADE

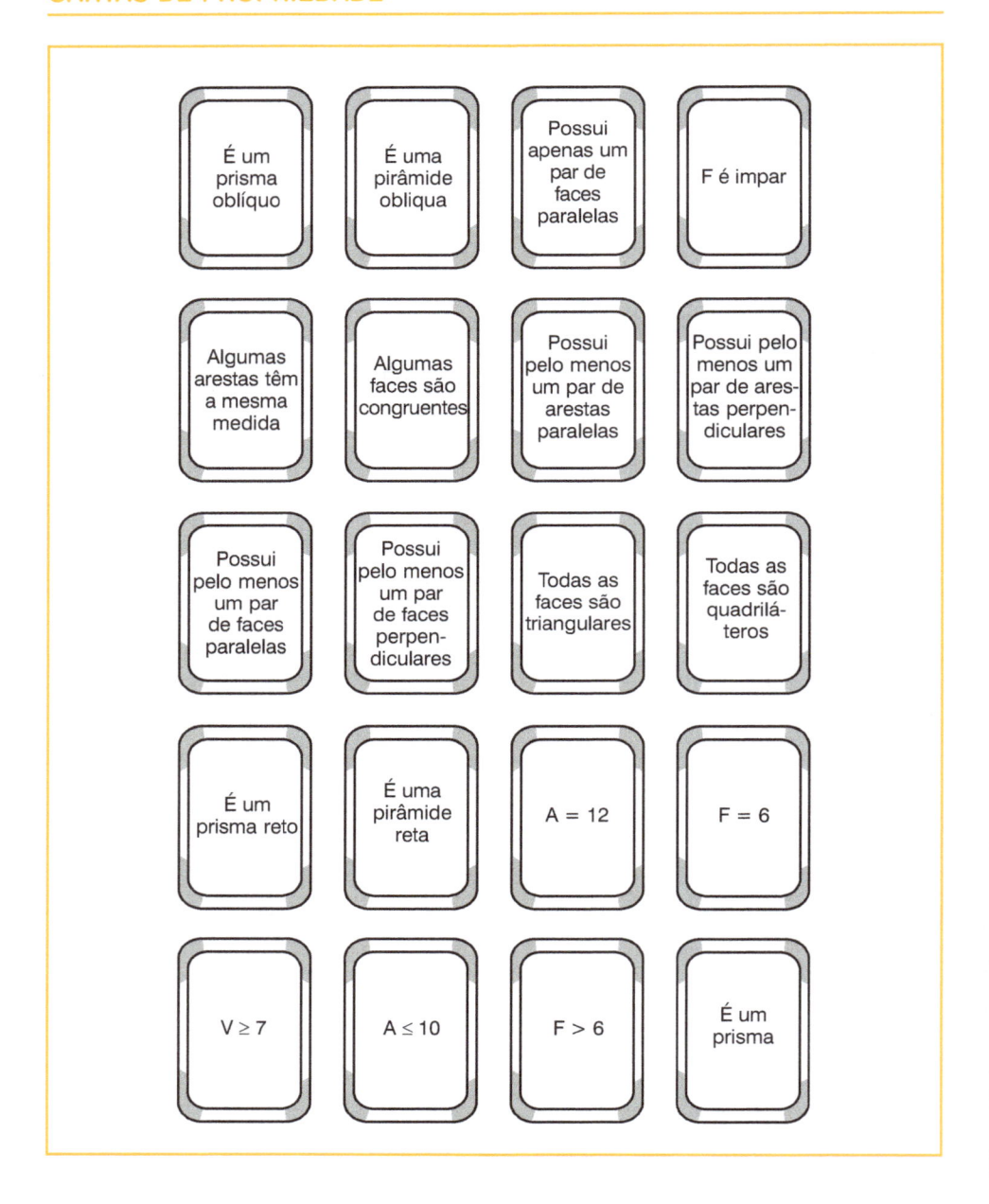

- É um prisma oblíquo
- É uma pirâmide obliqua
- Possui apenas um par de faces paralelas
- F é impar
- Algumas arestas têm a mesma medida
- Algumas faces são congruentes
- Possui pelo menos um par de arestas paralelas
- Possui pelo menos um par de arestas perpendiculares
- Possui pelo menos um par de faces paralelas
- Possui pelo menos um par de faces perpendiculares
- Todas as faces são triangulares
- Todas as faces são quadriláteros
- É um prisma reto
- É uma pirâmide reta
- $A = 12$
- $F = 6$
- $V \geq 7$
- $A \leq 10$
- $F > 6$
- É um prisma

Ensino Médio – Jogos de Matemática

- É uma pirâmide
- V é par
- CURINGA: pergunta relacionada ao número de arestas
- CURINGA: pergunta relacionada ao número de faces
- CURINGA: pergunta relacionada à forma da base
- CURINGA: pergunta relacionada ao número de vértices

CARTAZETE

Jogo Cara a Cara de Poliedros

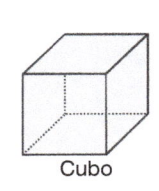

Cubo	 Pirâmide reta de base hexagonal	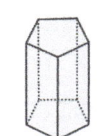 Prisma reto de base pentagonal
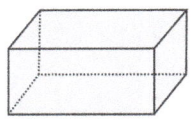 Paralelepípedo reto retangular	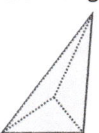 Pirâmide oblíqua de base triangular	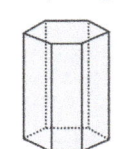 Prisma reto de base hexagonal
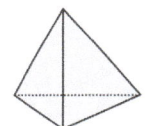 Tetraedro regular	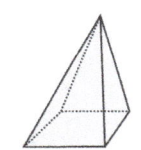 Pirâmide oblíqua de base quadrada	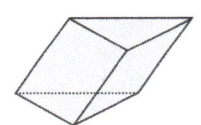 Prisma oblíquo de base triangular
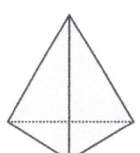 Pirâmide reta de base triangular	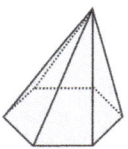 Pirâmide oblíqua de base pentagonal	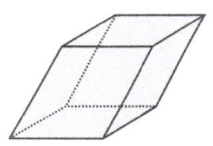 Prisma oblíquo de base quadrada
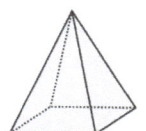 Pirâmide reta de base quadrada	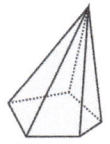 Pirâmide oblíqua de base hexagonal	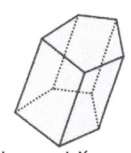 Prisma oblíquo de base pentagonal
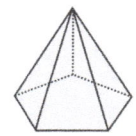 Pirâmide reta de base pentagonal	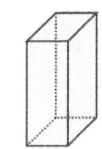 Prisma reto de base quadrada	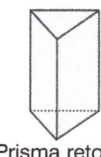 Prisma reto de base triangular	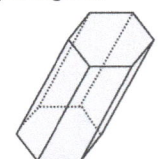 Prisma oblíquo de base hexagonal

Capturando Pontos

SÉRIES 1º 2º 3º

Aprimorar a compreensão dos intervalos numéricos, identificar as propriedades da circunferência, apropriar-se de sua equação e representar pontos no plano cartesiano, tendo como base um intervalo determinado, são os objetivos deste jogo.

Organização da classe: em duplas.

Recursos necessários: uma moeda, lápis, compasso e um tabuleiro para cada jogador feito com papel quadriculado conforme indicado.

ORIENTE SEUS ALUNOS QUANTO ÀS REGRAS

1. Cada jogador marca em seu tabuleiro 10 pontos sem que o seu adversário veja. Esses pontos podem ficar em qualquer posição desde que dentro dos limites do tabuleiro, ou seja, pontos (x, y) com $-10 \leq x \leq 10$ e $-10 \leq y \leq 10$ e $x \in \mathbb{Z}$, $y \in \mathbb{Z}$.
2. Decide-se quem começa e os participantes jogam alternadamente.
3. Na sua vez, o jogador lança a moeda e diz a equação de uma circunferência da seguinte forma: "$(x - a)^2 + (y - b)^2 = r^2$, onde **r** é 1 se a moeda tiver caído em cara e **r** é 2 se a moeda tiver caído coroa". As coordenadas do centro (a, b) são escolhidos pelo jogador.
4. O adversário traça, então, a circunferência correspondente em seu tabuleiro e anuncia quantos de seus pontos o outro jogador capturou.
5. Os pontos serão capturados quando estiverem no interior da circunferência ou pertencerem a ela.
6. Ganha o jogo aquele que conseguir capturar primeiro os 10 pontos de seu oponente.

ALGUMAS EXPLORAÇÕES POSSÍVEIS

Para analisar as possibilidades de pontos capturados pelos jogadores, sugere-se as seguintes explorações:

- Está na vez de Júlio jogar. Ele diz a César a equação $(x-1)^2 + (y-5)^2 = 4$. Este traça a circunferência e anuncia que Júlio fez 5 pontos dos quais 3 pertencem à circunferência. Quais os possíveis pontos, atingidos por Júlio, que pertencem à circunferência?
- Até quantos pontos podem ser capturados se a circunferência possuir raio 1? E se o raio for 2?
- Liste todos os pontos que a circunferência de raio 2 e centro (-5; -5) pode atingir.
- Quero atingir o ponto (10; 10). Tirei cara na moeda. Escreva alguns possíveis centros que posso escolher?
- Lúcio obteve coroa ao lançar a moeda. Quer atingir o ponto (-10; 4). Escreva três centros que Lúcio pode escolher?

COMUNICANDO A APRENDIZAGEM

Os alunos podem mostrar o que aprenderam de diferentes formas:

1. Produzir uma lista de dicas para vencer o jogo.
2. Resolver problemas a partir do jogo, como, por exemplo:

    Das equações a seguir, qual(ais) delas atinge o ponto (9; -6)?

    a) $(x-9)^2 + (y+4)^2 = 4$
    b) $(x-9)^2 + (y-4)^2 = 1$
    c) $(x+11)^2 + (y-6)^2 = 4$
    d) $(x-9)^2 + (y+5)^2 = 1$
    e) $(x-7)^2 + (y-6)^2 = 4$

3. Criar uma lista de exercícios para serem resolvidos a partir do jogo e depois trocar com um colega para que um resolva a lista do outro.

Ensino Médio – Jogos de Matemática

TABULEIRO/ CARTAS

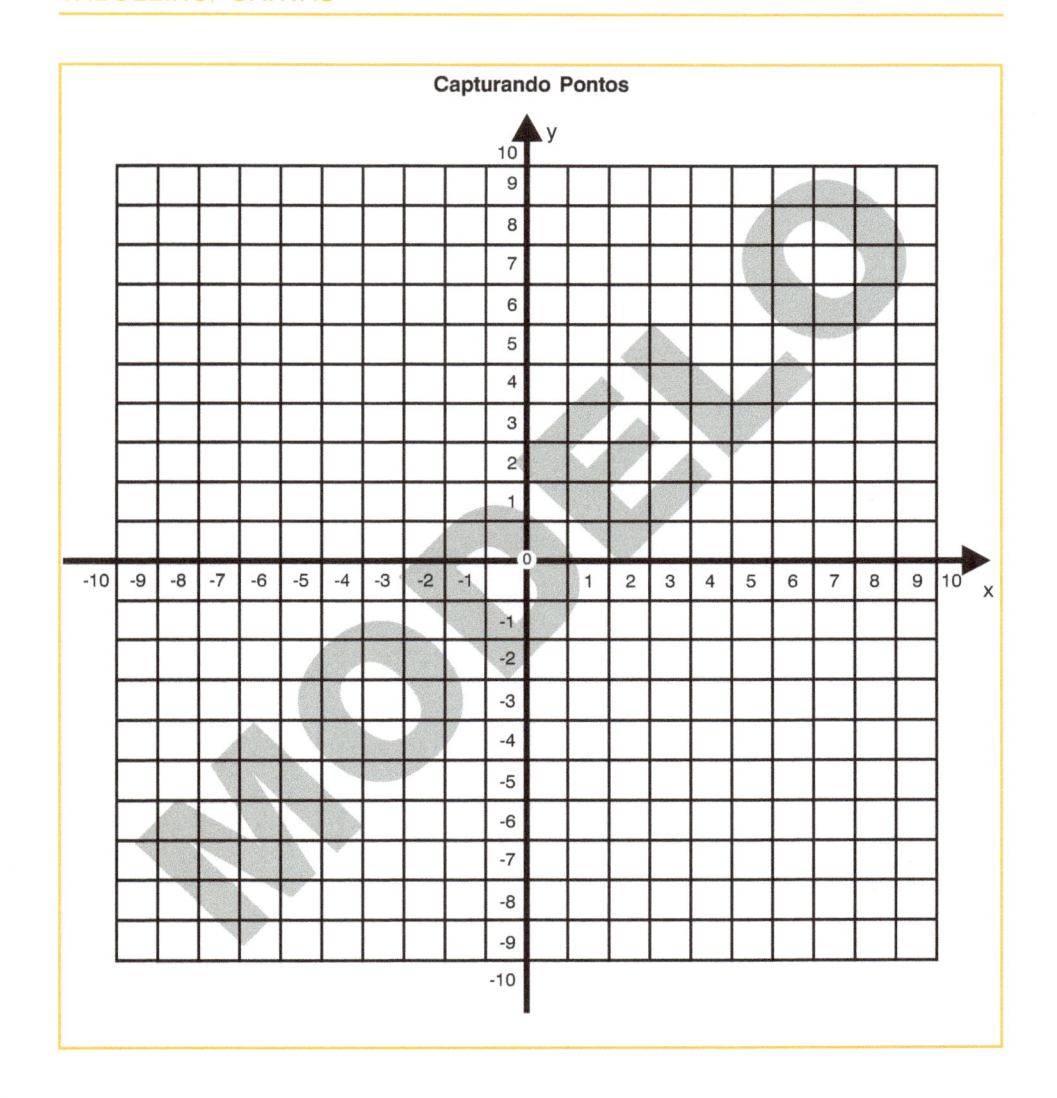

Capturando Pontos

Jogos Envolvendo Números ou Funções

O enfrentamento de diferentes situações-problema requer dos alunos mais do que a simples aplicação de informações: exige a mobilização de conhecimentos, conceitos e procedimentos.

Assim, dominar os códigos e as nomenclaturas da linguagem matemática, compreender e interpretar diferentes representações de uma dada situação e decidir sobre a melhor estratégia para resolvê-la e registrá-la são essenciais para o desenvolvimento de competências e habilidades específicas em matemática e um conhecimento sobre as funções, sua linguagem e representação auxilia nesse sentido, o mesmo valendo para os números que se estuda de forma mais aprofundada no ensino médio.

O conjunto de jogos apresentados neste bloco aborda as diferentes representações dos números reais, as diversas propriedades relacionadas às operações com esses números e as funções, suas propriedades em relação às operações e a interpretação de seus gráficos.

Os três primeiros jogos tratam especificamente das diversas maneiras de representar números e de como se pode operar com eles. São jogos destinados a levar os alunos à revisão de conceitos e procedimentos com números racionais.

O *Labirinto* é um jogo de tabuleiro que possibilita ao aluno rever o cálculo que envolve números na forma fracionária e decimal, analisar o efeito que uma operação pode gerar sobre um par de números e perceber regularidades nas operações com números racionais.

O jogo *Contando pontos* traz a possibilidade de o aluno localizar as representações dos números fracionários ou decimais em intervalos numéricos e desenvolver estimativas nas multiplicações de um número decimal por 10, 100 e 1000.

A representação dos números por meio de potências de 10, notação exponencial ou científica é abordada no jogo *Comando*. Esse jogo possibilita que o aluno desenvolva seu senso numérico relacionado à notação científica e compreenda como utilizá-la em várias situações.

De acordo com os Parâmetros Curriculares Nacionais do Ensino Médio (PCNEM, 2002), o estudo das funções possibilita a compreensão pelos alunos da linguagem algébrica como linguagem das ciências, sendo importante para comunicar a relação entre grandezas e modelar situações-problema. A ênfase dada a esse tema nos demais jogos deste bloco está relacionada à caracterização e às propriedades das funções, à sua interpretação gráfica e à sua representação algébrica.

No jogo *Enigma de funções*, o aluno relaciona as diferentes representações de uma função quadrática e os pontos relevantes de seu gráfico. O jogo *Família de funções* amplia tal enfoque, propondo também a análise de funções constantes e do 1º grau. *Passe ou compre!* tem como objetivo desenvolver o cálculo mental das raízes de equações polinomiais, logarítmicas e exponenciais mais simples.

Labirinto

A revisão de cálculos com números nas formas fracionária e decimal é o objetivo central deste jogo, que visa também ao desenvolvimento de habilidades de cálculo mental e estimativa, bem como a observação de algumas regularidades envolvendo operações com frações e decimais.

Organização da classe: em duplas.

Recursos necessários: um tabuleiro, um marcador e uma folha de registro para cada jogador.

ORIENTE SEUS ALUNOS QUANTO ÀS REGRAS

1. Os jogadores registram o número 1 em suas folhas e decidem quem começa.
2. O primeiro jogador desloca, à sua escolha, o marcador da posição de PARTIDA para outra adjacente e efetua a operação indicada no segmento percorrido, registrando o resultado em sua folha. O resultado representa seu total de pontos na jogada.

3. O segundo jogador faz o mesmo, iniciando sua jogada com o valor 1, mas partindo da nova posição do marcador.
4. O jogo continua sucessivamente assim, com cada participante, na sua vez, usando o valor de seus pontos da jogada anterior para efetuar o novo cálculo.
5. O percurso pode ser feito em qualquer direção e em qualquer sentido, porém cada segmento não pode ser percorrido duas vezes consecutivas.
6. Todas as jogadas devem ser registradas.
7. O jogo acaba quando um dos jogadores alcançar a posição CHEGADA.
8. Ganha o jogador que tiver o maior número de pontos.

ALGUMAS EXPLORAÇÕES POSSÍVEIS

Antes de iniciar o jogo, deixe que os alunos leiam as regras e tentem compreender como se joga. Em seguida, explore o tabuleiro perguntando:

- ◆ O tabuleiro é composto por quais tipos de números?
- ◆ Para mover-se de uma posição a outra do tabuleiro, que operação você precisa realizar?
- ◆ O que acontece com um número quando é multiplicado por $\frac{1}{2}$? E quando é dividido por $\frac{1}{2}$? No tabuleiro há outros números que geram os mesmos tipos de mudanças? Justifique sua resposta.
- ◆ Multiplicar por 0,2 é o mesmo que dividir por $\frac{1}{5}$. Tal afirmação é verdadeira? Dê outros exemplos de números em que multiplicar por 0,2 é o mesmo que dividir por $\frac{1}{5}$.

Após realizar algumas vezes o jogo, é possível apresentar atividades para analisar as jogadas, estabelecer planos de ação para obter êxito no jogo e resolver problemas a partir dele. Veja alguns exemplos:

- ◆ Você obteve dois pontos na última. O marcador está na posição indicada no tabuleiro. Decida qual operação precisa realizar para obter:
    a) 1 ponto;
    b) 10 pontos;
    c) 0,8 pontos.

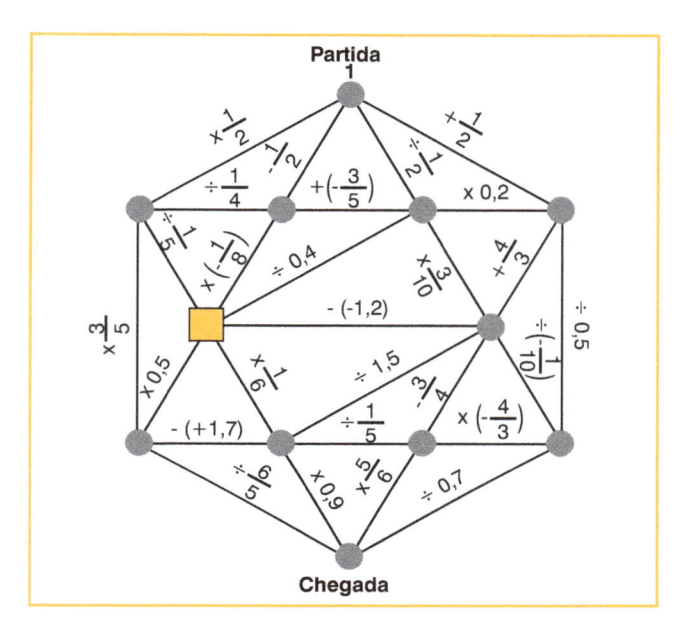

Ensino Médio – Jogos de Matemática

◆ Você tem 7,5 pontos no total e seu oponente, 6,3 pontos. Você obteve -1 na sua última jogada e é a sua vez de jogar. O marcador está na posição indicada no tabuleiro:

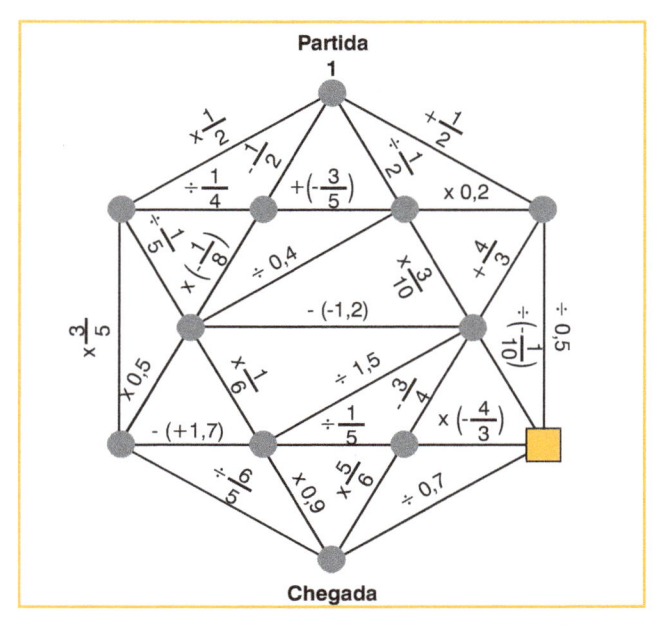

Você é o próximo a jogar. Vale a pena terminar o jogo? Por quê?

COMUNICANDO A APRENDIZAGEM

Para que os alunos demonstrem o que aprenderam com esse jogo, pode-se sugerir que eles:

1. Produzam um texto sobre o que relembraram jogando *Labirinto*.
2. Relacionem as diferentes escritas de um mesmo número apresentadas no tabuleiro.
3. Preencham:

    a) Multiplicar por $\frac{1}{2}$ é igual a dividir por _____, que é o mesmo que determinar _____ % do valor

    b) Dividir por $\frac{1}{5}$ é igual a multiplicar por _____, que é o mesmo que determinar _____ % do valor

RELATO DA PROFESSORA DO MIGUEL DE CERVANTES

Minhas turmas de 1º ano jogaram o Labirinto, previsto no planejamento. Foi uma experiência única, pois um simples jogo transformou-se em rico instrumento de investigação matemática.

No início, os alunos faziam suas jogadas obedecendo fielmente às instruções e nada mais. Não havia nenhuma preocupação em diversificar, o importante era conseguir fazer os cálculos. Fizemos três jogadas e, então, a aula acabou.

No segundo dia de jogo o clima começou a ficar diferente. Mais íntimos dos cálculos, os alunos começaram a ousar, a investigar novas possibilidades. O intuito não era apenas ganhar o jogo, mas ganhar com uma pontuação relativamente alta. E, como chegar a essa pontuação? Qual seria o máximo de pontos possível? Será que quem começa a jogada é sempre o favorito para a vitória?

Estas e outras questões pairavam no ar...

O jogo deixou de ser uma disputa entre dois adversários e se tornou um instrumento para a competição entre as duplas.

O mais interessante é que, durante este percurso, meus alunos fizeram várias descobertas. Perceberam que nem sempre a pessoa que inicia a jogada será o vencedor... é possível "virar o jogo" se houver perspicácia e a escolha de um novo "bom caminho".

Perceberam que, às vezes, é preciso escolher não o melhor, mas o menos pior dos caminhos:

"Professora, pense com a gente, se eu tenho 3 pontos, o que é melhor, dividir por 1,5 , somar com - $\frac{3}{4}$ ou dividir por - $\frac{1}{10}$?"

Ensino Médio – Jogos de Matemática

Perceberam que iniciar fazendo $1 \div \frac{1}{2}$ não garante o sucesso. Há outras possibilidades, começando por operações que, no início, não resultarão em números grandes. Uma dessas possibilidades fez com que um jogador chegasse aos 65 pontos. Isso aguçou ainda mais os alunos, porque agora todos também queriam conseguir...

Enfim, o grande barato era verificar se a hipótese do melhor caminho feita pelos colegas era mesmo verdadeira, ou se poderia ser superada por outra possibilidade. Para isso, era preciso analisar o registro dos cálculos e perceber a importância de fazer anotações.

Meninos e meninas envolveram-se de verdade e pude perceber que o desempenho na resolução dos exercícios do livro, propostos após o jogo, foi melhor do que antes. Ganharam agilidade com os cálculos.

Realmente, um jogo, quando trabalhado de maneira adequada e levado à sério pelos alunos, pode substituir uma lista enorme de exercícios. E, com certeza, dá muito mais prazer.

Pude ouvir muitos relatos dos alunos, sobre o jogo, mas o que mais me tocou foi um garoto que disse: *"Finalmente, estou aprendendo frações. Que legal!"*

Que bom ouvir esta frase... Percebemos que sempre há tempo para aprender e que diversificar as estratégias é fundamental.

Prof[a]. Daniela Miele de Lima

VARIAÇÕES

Organizar novos tabuleiros, inserindo novas operações com números em diferentes representações, como, por exemplo, números na forma de porcentagem ou notação científica.

FOLHA DE REGISTRO

Registro das operações	Resultados	Observações

TABULEIRO

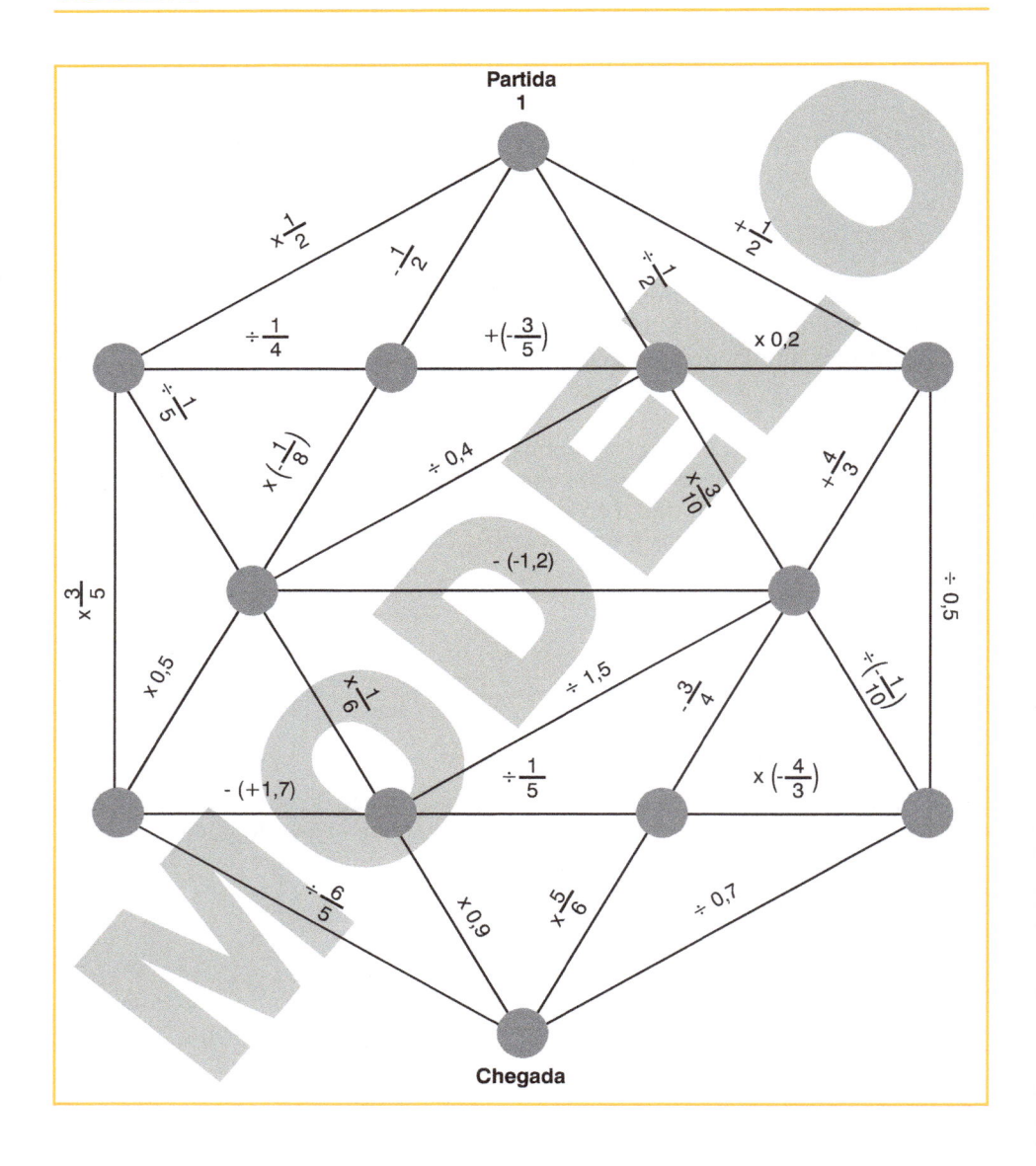

Partida: 1

Edges (operations) on the board:

- $\times \frac{1}{2}$
- $-\frac{1}{2}$
- $+\frac{1}{2}$
- $\div \frac{1}{4}$
- $+\left(-\frac{3}{5}\right)$
- $\div \frac{1}{2}$
- $\times 0{,}2$
- $\div \frac{1}{5}$
- $\times \left(-\frac{1}{8}\right)$
- $\div 0{,}4$
- $\times \frac{3}{10}$
- $+\frac{4}{3}$
- $\times \frac{3}{5}$
- $-(-1{,}2)$
- $\div 0{,}5$
- $\times 0{,}5$
- $\times \frac{1}{6}$
- $\div 1{,}5$
- $-\frac{3}{4}$
- $\div \left(-\frac{1}{10}\right)$
- $-(+1{,}7)$
- $\div \frac{1}{5}$
- $\times \left(-\frac{4}{3}\right)$
- $\div \frac{6}{5}$
- $\times 0{,}9$
- $\times \frac{5}{6}$
- $\div 0{,}7$

Chegada

Contando Pontos

SÉRIES: 1º 2º 3º

O objetivo deste jogo é a revisão de cálculos com frações e decimais e o desenvolvimento das habilidades de cálculo mental e estimativa. Ele também auxilia na compreensão pelos alunos da noção de intervalo e sua notação.

Organização da classe: em duplas ou duas duplas que jogam uma contra a outra.

Recursos necessários: um tabuleiro e uma folha de registro para cada jogador.

ORIENTE SEUS ALUNOS QUANTO ÀS REGRAS

1. Os participantes decidem a ordem em que cada um irá jogar.
2. Cada jogador, na sua vez, escolhe um dos números do tabuleiro e faz a opção de dividi-lo por 10, 100, ou 1000. Em seguida, calcula o resultado (**R**) e verifica em qual intervalo ele se encontra e o número de pontos correspondente, registrando-o em sua folha.
3. Uma vez escolhido um número no tabuleiro, ele não poderá ser novamente usado.
4. Cada jogador deve utilizar duas vezes cada um dos divisores (10, 100 e 1000).
5. Depois de seis jogadas para cada jogador, ganha o que tiver obtido o maior total de pontos.

ALGUMAS EXPLORAÇÕES POSSÍVEIS

Para que os alunos explorem todo o potencial desse jogo, formule algumas questões:

◆ Há algum critério por parte de quem criou o jogo quanto à escolha dos números do tabuleiro, os divisores e os intervalos?
◆ Existe alguma relação entre a maior e a menor pontuação correspondente a cada intervalo e os números do tabuleiro?
◆ Há alguma estratégia que permita ganhar o jogo?

Aos alunos, cujo texto é apresentado a seguir, foi solicitado que escrevessem suas descobertas sobre o jogo.

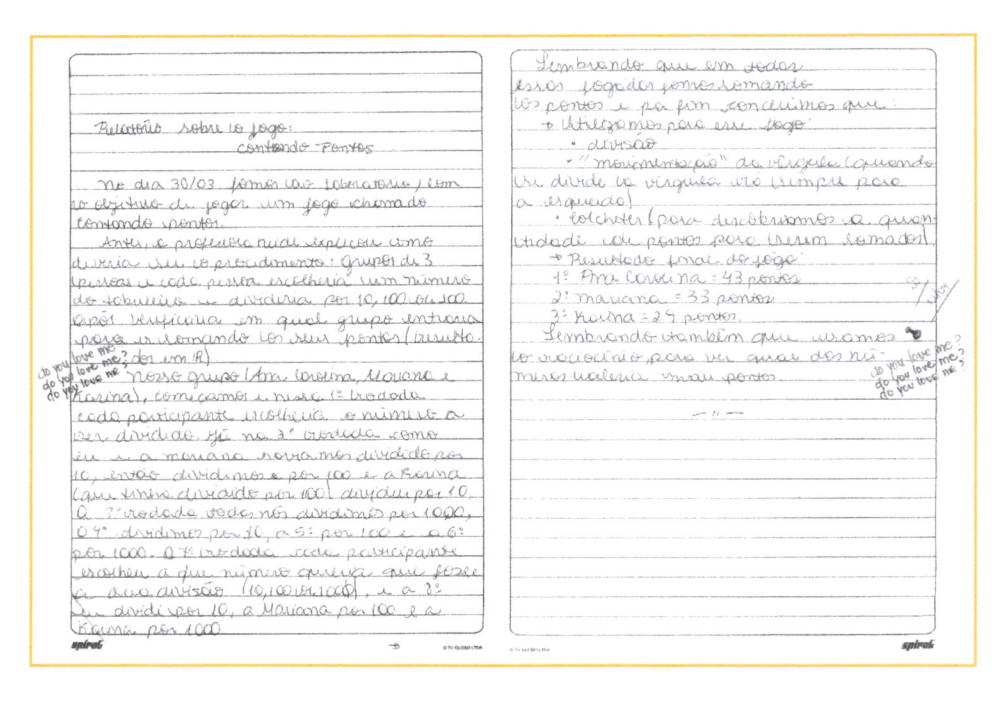

Eles fizeram a opção de detalhar cada jogada para justificar suas escolhas. Também listaram quais conteúdos precisavam saber para ter um bom desempenho ao jogar.

COMUNICANDO A APRENDIZAGEM

Produzir registros a partir do jogo contribui para que o aluno pense sobre ele, tome consciência sobre o que aprende jogando e comunique aos leitores de suas produções pistas sobre o que aprendeu e suas incompreensões. Algumas sugestões:

Ensino Médio – Jogos de Matemática

1. Listar algumas estratégias que permitam ao jogador obter êxito neste jogo.
2. Escrever uma carta a um amigo falando sobre o jogo e sobre o que você aprendeu com isso.

VARIAÇÕES

O trabalho com o cálculo que utiliza frações e números decimais, assim como o desenvolvimento das habilidades de cálculo mental e estimativa, pode ser amplamente trabalhado com este jogo. Mudar os números do tabuleiro ou a opção de divisores é uma maneira de aprimorar esses cálculos. Por exemplo, se a intenção é cuidar da divisão por um número decimal, variam-se os divisores. Por outro lado, se o foco está na análise dos intervalos nos quais se encontram os resultados, podem ser registrados intervalos por meio de diferentes representações.

TABULEIRO

Contando Pontos

1,5		8,6		123			5,67		$\frac{1}{100}$
	3,45		35		144	$\frac{1}{2}$		3,789	
467,98		13			76,2				
$\frac{2}{3}$		$\frac{4}{5}$	44	38,5			89	$\frac{3}{4}$	
	7,98					52			0,9
0,03		8,9	$\frac{1}{10}$	6,87				9,678	

Pontos para o resultado R

1 ponto	5 pontos	10 pontos	5 pontos	1 ponto
R ∈]-∞; 0,001[	R ∈ [0,001; 0,01[	R ∈ [0,01; 0,1[	R ∈ [0,1; 1[	R ∈ [1;+∞[

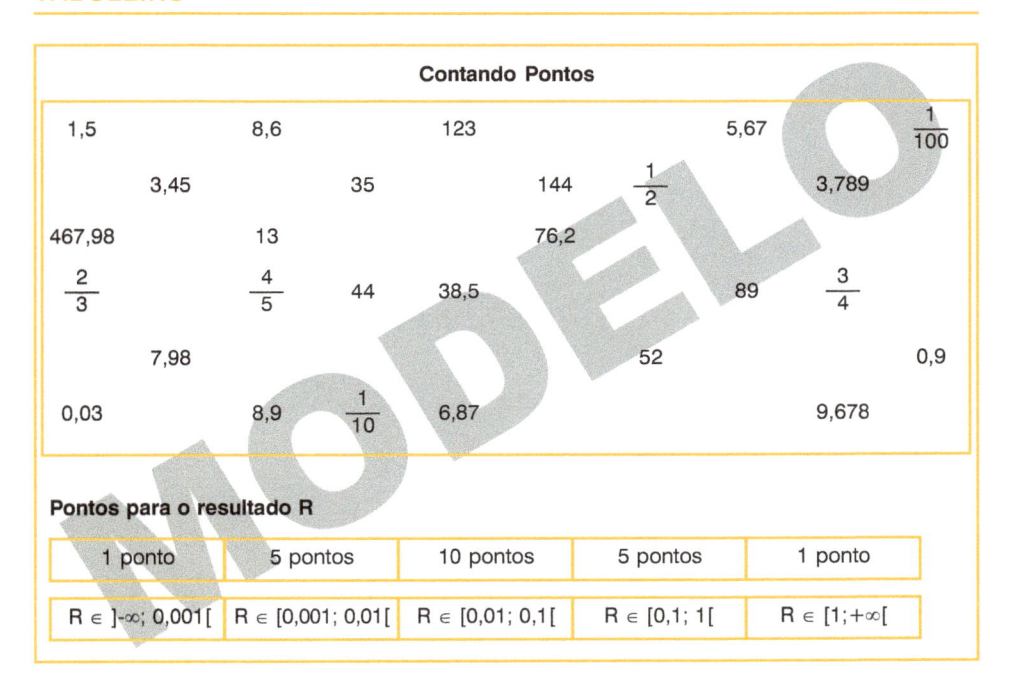

Comando

Há diferentes maneiras de representar quantidades e, entre elas, a notação científica ou a notação exponencial. É conveniente utilizar a notação científica quando queremos representar números muito grandes ou muito pequenos, facilitando o registro, a leitura e os cálculos. Ao jogar *Comando*, os alunos podem desenvolver o senso numérico relacionado a essa notação e compreender como utilizá-la em diferentes situações nas quais ela se fizer necessária.

Organização da classe: em quartetos.

Recursos necessários: um tabuleiro e uma carta com o sinal menos para cada jogador, 30 cartas, sendo três com cada um dos números de 0 a 9.

Recurso opcional: cartas com comandos.

ORIENTE SEUS ALUNOS QUANTO ÀS REGRAS

1. Um jogador embaralha as cartas e distribui três delas para cada um dos jogadores. Os jogadores não podem mostrar suas cartas aos oponentes. O restante das cartas é colocado com as faces viradas para baixo, no centro da mesa.
2. O professor dá o comando. Os alunos tentarão formar com suas cartas o número falado pelo professor ou o mais próximo possível desse valor. Cada jogador distribui suas cartas no tabuleiro, caso necessite de expoente negativo, utiliza a carta com o sinal de menos. Por exemplo:

O professor diz: *Formem o número mais próximo de 1,8x10³.*
O jogador que recebeu as cartas 4, 9 e 2 pode optar por formar o seguinte número:

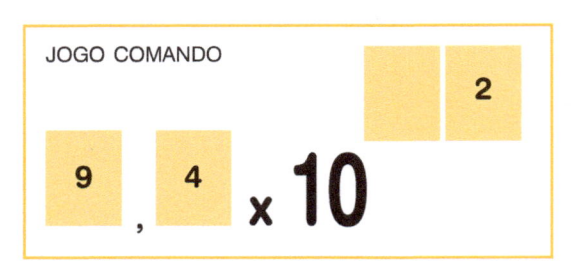

```
JOGO COMANDO              [ ] [2]

     [9] , [4]  x 10
```

3. Assim que formar o número pedido, o jogador deverá mostrar aos oponentes o seu tabuleiro com o número formado.
4. Ganha três pontos o jogador que conseguir compor o número pedido pelo professor ou o número mais próximo. O jogador que tiver o segundo número mais próximo ganha um ponto.
5. Cada jogador deverá fazer as anotações dos comandos, do número que formou, dos números formados pelos colegas e dos pontos.
6. Depois disso, as cartas são novamente embaralhadas e distribuídas.
7. Ganha o jogo aquele jogador que, ao final de cinco rodadas, tiver o maior número de pontos.

ALGUNS COMANDOS POSSÍVEIS

- Formar o número mais próximo de 0,003.
- Formar o número mais próximo de 156 900.
- Formar o número mais próximo da metade da $4x10^2$.
- Formar o número mais próximo do dobro de $8x10^{-6}$.
- Formar o número mais próximo de $\frac{1}{3}$ de $1,5x10^9$.
- Formar o menor número possível.
- Formar o maior número possível.

Ensino Médio – Jogos de Matemática

ALGUMAS EXPLORAÇÕES POSSÍVEIS

Ao final de uma partida proponha aos alunos:

◆ Analisem algumas jogadas:

Se um aluno recebe as cartas 2, 5 e 8, e o comando é escrever o maior número possível, qual carta ele escolherá para colocar no expoente?
O professor dá o comando, por exemplo, forme o número mais próximo da metade de $6,8 \times 10^4$, e um aluno apresenta o tabuleiro com o número $2,5 \times 10^3$. O que você mudaria nesta composição para obter um número mais próximo do comando?

◆ Operem com alguns dos números formados: adicionando os dois maiores números obtidos, subtraindo o menor número do maior, duplicando o maior número, encontrando a metade ou a terça parte do número formado.

COMUNICANDO A APRENDIZAGEM

Para que os alunos explicitem o que aprenderam com o jogo, pode-se:

1. Propor que eles realizem uma produção de texto, como, por exemplo, escrever um bilhete convidando um colega para jogar *Comando* e destacando o que se aprende com o jogo.
2. Solicitar que criem, em grupo, problemas a partir do jogo. Depois, os grupos trocam os problemas para a resolução.

A partir desses registros, será possível avaliar se os alunos compõem conscientemente números em notação científica e se compreendem a função do número no expoente ou como fator.

MODELO x 10

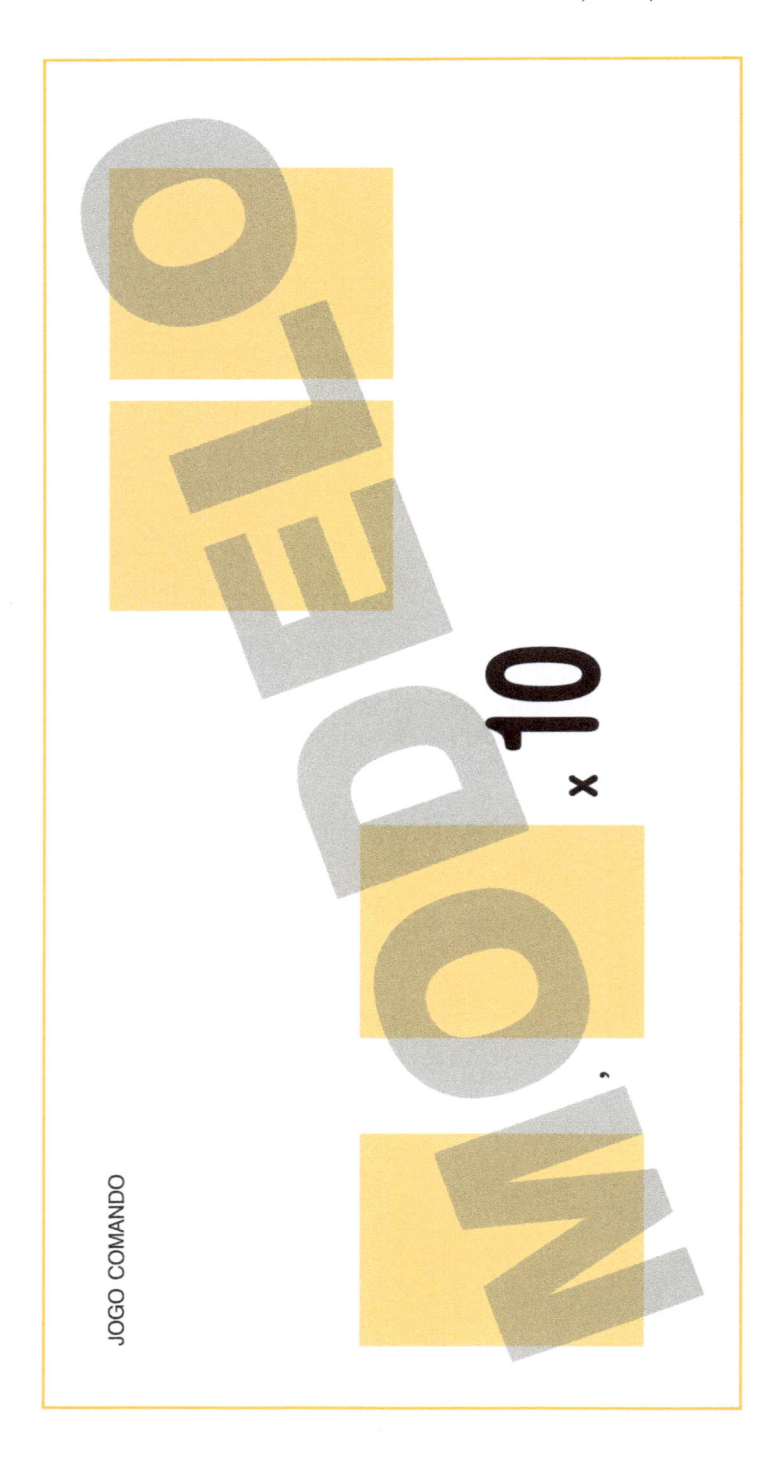

JOGO COMANDO

Ensino Médio – Jogos de Matemática

1	2	3
4	5	6
7	8	9
0	-	-

Para reproduzir 3 cópias

Enigma de Funções*

Este jogo tem como objetivo que os alunos relacionem as funções quadráticas apresentadas na forma gráfica e algébrica com as suas respectivas características, desenvolvam a linguagem matemática própria a funções e gráficos e aprimorem o raciocínio lógico-dedutivo.

O jogo permite ainda que os alunos trabalhem habilidades de leitura e interpretação de gráficos, além de possibilitar o levantamento de hipóteses e a resolução de problemas a partir das relações estabelecidas entre as diferentes funções e suas características.

Organização da classe: em duplas ou duas duplas jogando uma contra a outra.

Recursos necessários: dois baralhos de funções (24 cartas cada baralho) em duas cores distintas e um baralho de perguntas de cor distinta dos outros baralhos (20 cartas).

Recursos opcionais: cartazete com todas as funções (gráfico e forma algébrica).

---

*Jogo elaborado por Pricilla Cerqueira, Margareth Rotondo e Glauco Santos e publicado, aqui com a autorização dos autores.

ORIENTE SEUS ALUNOS QUANTO ÀS REGRAS

1. Cada jogador recebe um conjunto de cartas de funções que devem estar visíveis e organizadas à sua frente.
2. As cartas de perguntas são embaralhadas e colocadas no centro da mesa voltadas para baixo.
3. O cartazete é colocado de modo que os jogadores possam vê-lo durante o jogo.
4. Os jogadores escolhem uma função do cartazete, sem que seu oponente saiba qual é, e registram a forma algébrica da função escolhida.
5. O objetivo de cada jogador é descobrir a função de seu oponente.
6. Decide-se quem começa e, a partir daí, os participantes ou as duplas jogam alternadamente.
7. Na sua vez, o jogador retira uma carta do baralho e pergunta a seu oponente se a função escolhida por ele tem aquela característica. O oponente deve responder apenas *sim* ou *não*. O jogador deve excluir as funções que não lhe interessam.

   Por exemplo, se a carta retirada contiver *O vértice está no terceiro quadrante?* e a resposta for *sim*, ficam excluídas as funções que não contêm vértices no 3º quadrante, já se a resposta for *não*, isso significa que a função escondida não tem vértice no 3º quadrante.
   Sucessivamente, as perguntas auxiliam cada jogador a excluir funções até que seja possível concluir qual é a função escolhida por seu oponente. As perguntas não voltam ao baralho. Se o baralho de perguntas terminar, as cartas são embaralhadas para formar novamente o baralho das cartas de perguntas.

8. Ganha o jogo o primeiro jogador que identificar a função escolhida por seu oponente.

ALGUMAS EXPLORAÇÕES POSSÍVEIS

Antes de propor o jogo, solicite aos alunos que produzam, em duplas, uma lista das dúvidas que eles têm a respeito da função quadrática e de suas propriedades.

Encaminhe, a seguir, a exploração coletiva das cartas. Para isso, distribua as regras entre os alunos, peça-lhes que leiam e discutam entre si. Então, diga que juntos farão uma análise inicial das cartas com funções e das cartas com perguntas por meio de uma jogada coletiva: você contra a classe.

Combine que você escolherá a função e registrará em uma folha separada. Uma dupla de alunos terá a tarefa de excluir as cartas do conjunto, enquanto os

Ensino Médio – Jogos de Matemática

demais alunos deverão retirar uma carta do baralho de perguntas e fazê-la ao professor. Para que todos vejam as cartas de funções, coloque-as em um cartaz, utilize retroprojetor ou *datashow*.

A cada jogada, conduza uma discussão destacando os seguintes aspectos: por que tais cartas foram excluídas; quando a resposta é negativa, como devemos proceder com a exclusão das cartas; o que é necessário observar na função de acordo com a pergunta.

Depois dessa exploração, proponha que joguem sozinhos, em duplas, utilizando as regras sugeridas. Encerrada a jogada, solicite que respondam às seguintes questões:

- Se a carta de pergunta sorteada for *A soma das raízes é positiva?* quais funções podem ser excluídas?
- Selecione uma carta de função e relacione todas as perguntas cuja resposta é *sim* para aquela função.
- Quais cartas de função são descartadas quando a resposta é sim para *A função admite ponto de máximo*?
- Quais funções ainda ficam na mesa na seguinte sequência de jogadas:

    1ª rodada: a carta *A função admite ponto de mínimo?* obteve como resposta *não*.
    2ª rodada: a carta *A função admite duas raízes reais?* obteve como resposta *sim*.

Há alguma pergunta enunciada nas cartas que permita a você se decidir por uma única função das que ficaram na mesa?

Uma possível solução é: qualquer uma das cartas: $f(0)$ é positiva?, $x_v = 1$, *o produto das raízes é negativo* e *a parábola corta o eixo dos y em ordenada positiva* decide esse jogo quando a resposta é sim, sendo $y = -x^2 + 2x + 3$ a carta função escolhida.

Já a carta $f(1) = 0$ com resposta sim, permite ao jogador descobrir a carta $y = -x^2 + 4x - 3$ como sendo a escolhida.

Repita esse jogo mais duas ou três vezes e proponha que os alunos voltem à lista das dúvidas a fim de verificar quais foram sanadas e quais ainda persistem. Organize uma lista de atividades que enfoquem as dúvidas que ficaram e proponha a eles que as resolvam.

O texto a seguir, produzido por um grupo de quatro alunos do 1º ano do ensino médio, fornece muitas informações sobre as aprendizagens que realizaram enquanto jogavam. O registro evidencia que o grupo apropriou-se da linguagem matemática relativa a funções e valida o trabalho em grupo ao valorizar a contribuição dos colegas.

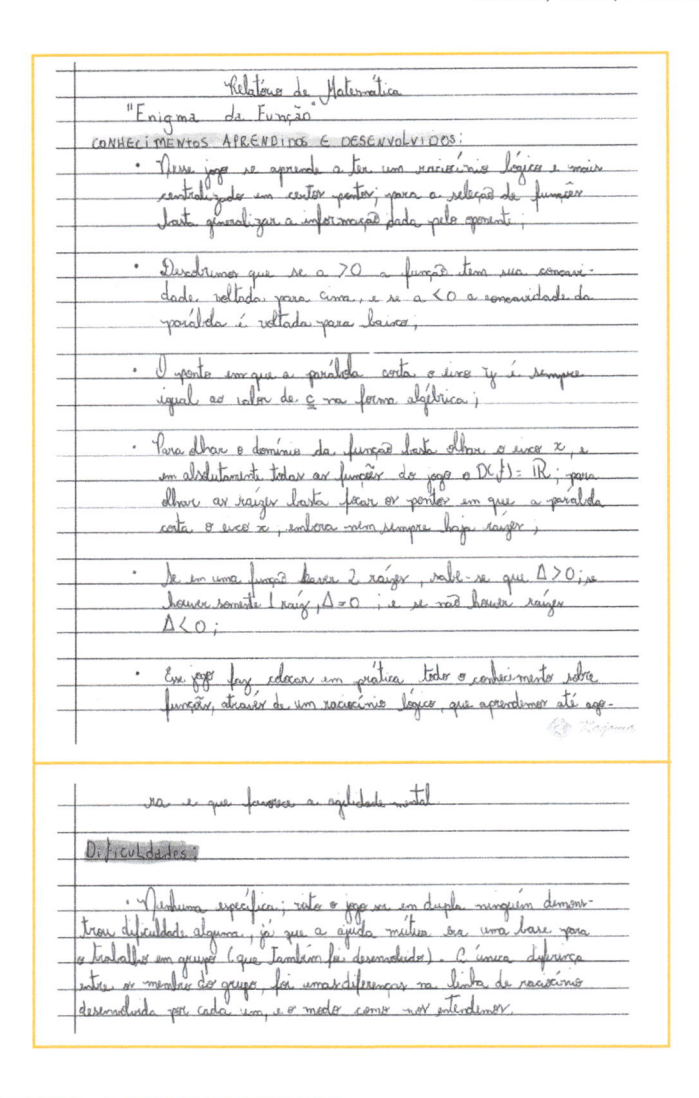

> **Relatório de Matemática**
> "Enigma da Função"
> CONHECIMENTOS APRENDIDOS E DESENVOLVIDOS:
>
> - Nesse jogo se aprende a ter um raciocínio lógico e mais centralizado em certos pontos; para a seleção de funções basta generalizar a informação dada pelo oponente;
>
> - Descobrimos que se $a > 0$ a função tem sua concavidade voltada para cima, e se $a < 0$ a concavidade da parábola é voltada para baixo;
>
> - O ponto em que a parábola corta o eixo y é sempre igual ao valor de c na forma algébrica;
>
> - Para achar o domínio da função basta olhar o eixo x, e em absolutamente todas as funções do jogo o $D(f) = \mathbb{R}$; para achar as raízes basta fazer os pontos em que a parábola corta o eixo x, embora nem sempre haja raízes;
>
> - Se em uma função houver 2 raízes, sabe-se que $\Delta > 0$; se houver somente 1 raiz, $\Delta = 0$; e se não houver raízes $\Delta < 0$;
>
> - Esse jogo faz colocar em prática todo o conhecimento sobre funções, através de um raciocínio lógico, que aprendemos até agora e que favorece a agilidade mental.
>
> **Dificuldades**
>
> - Nenhuma específica; visto o jogo se em dupla ninguém demonstrou dificuldade alguma, já que a ajuda mútua era uma base para o trabalho em grupo (que também foi desenvolvido). A única diferença entre os membros do grupo, foi uma diferença na linha de raciocínio desenvolvida por cada um, e o modo como nos entendemos.

COMUNICANDO A APRENDIZAGEM

Os alunos podem demonstrar o que aprenderam com o jogo de diferentes maneiras:

1. Selecionar duas cartas com função e relacionar todas as perguntas cuja resposta seja *sim* para as duas ao mesmo tempo.
2. Voltar à lista de dúvidas produzida antes de jogar e explicar quais delas o jogo ajudou a sanar e quais ainda não.

Você pode fazer as intervenções necessárias para o esclarecimento das dúvidas que restaram.

Ensino Médio – Jogos de Matemática

CARTAS DE FUNÇÕES

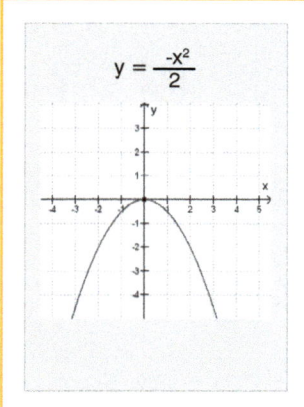

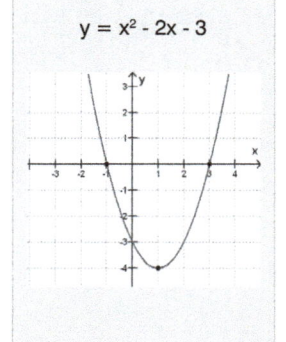

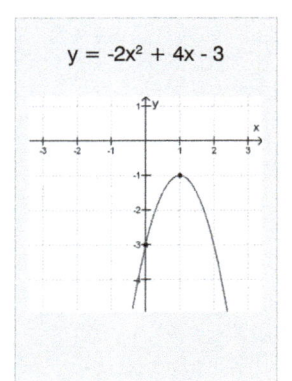

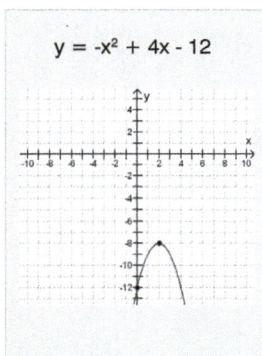

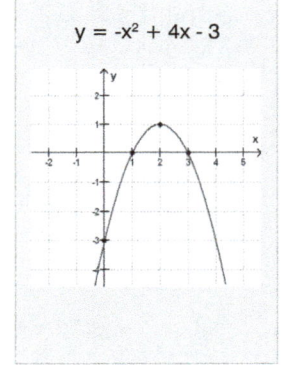

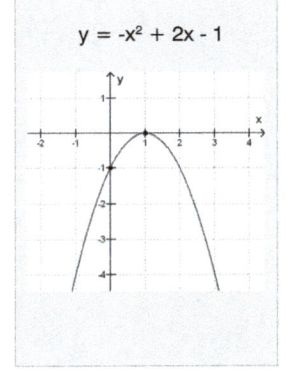

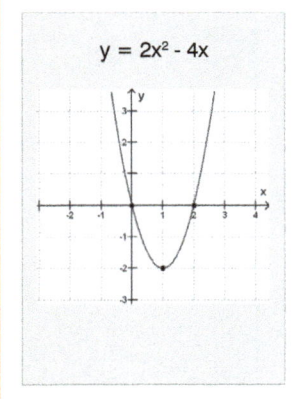

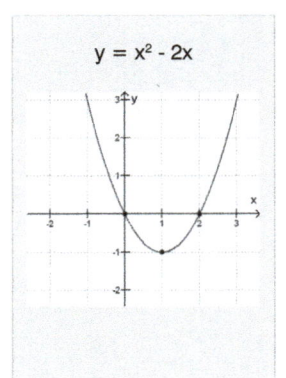

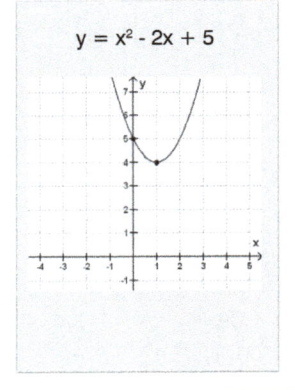

$y = \dfrac{-x^2}{2}$

$y = x^2 - 2x - 3$

$y = -2x^2 + 4x - 3$

$y = -x^2 + 4x - 12$

$y = -x^2 + 4x - 3$

$y = -x^2 + 2x - 1$

$y = 2x^2 - 4x$

$y = x^2 - 2x$

$y = x^2 - 2x + 5$

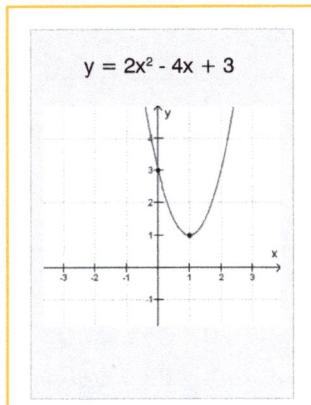

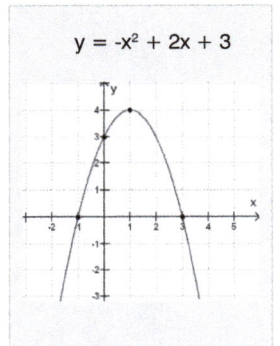

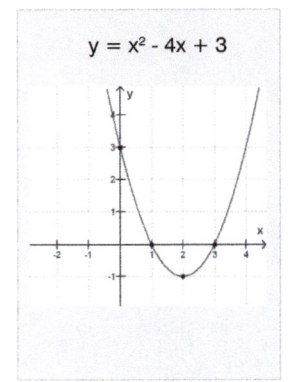

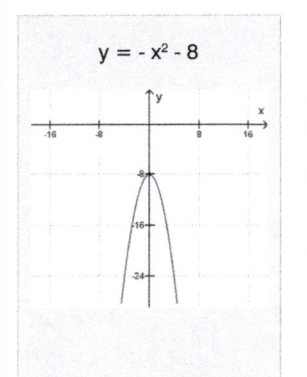

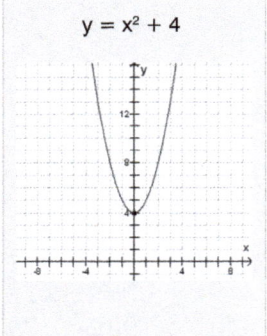

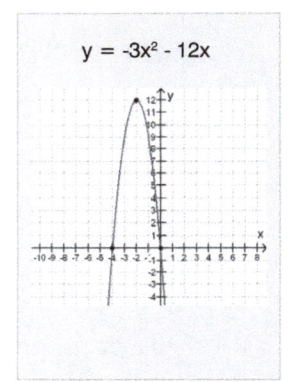

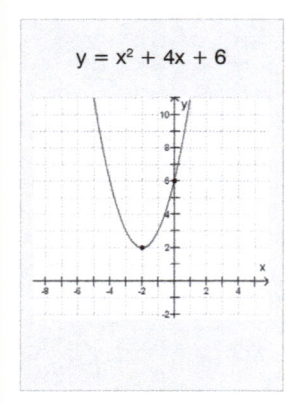

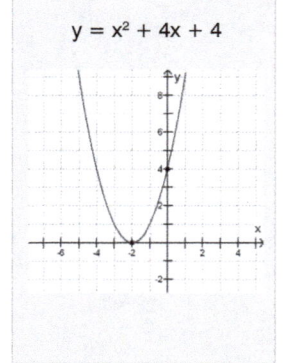

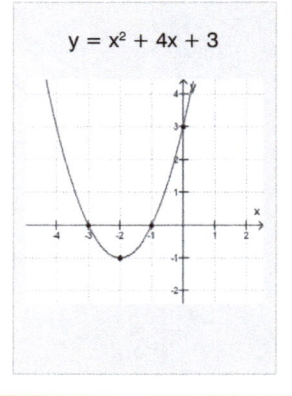

$y = 2x^2 - 4x + 3$	$y = -x^2 + 2x + 3$	$y = x^2 - 4x + 3$
$y = -x^2 - 8$	$y = x^2 + 4$	$y = -3x^2 - 12x$
$y = x^2 + 4x + 6$	$y = x^2 + 4x + 4$	$y = x^2 + 4x + 3$

$y = x^2 + 8x$	$y = 9x^2$	$y = -2x^2 - 8x - 8$
$y = -x^2 - 4x - 3$	$y = \dfrac{-x^2}{4} - x - 5$	$y = x^2 + 2x$

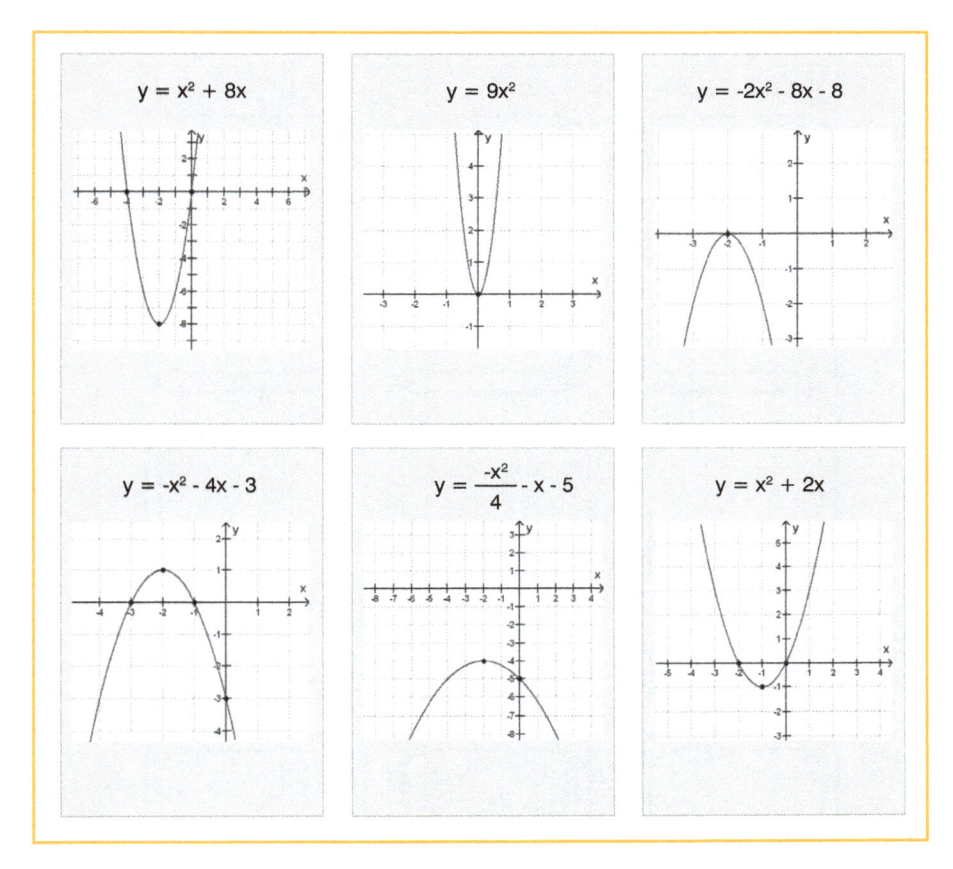

Para reproduzir ampliado, em duas cores distintas.

CARTAS DE PERGUNTAS

O produto das raízes é positivo?	f(1) é zero?	f(0) é positivo?
O produto das raízes é negativo?	f(0) = 0?	O vértice está no eixo das abscissas?
A parábola tem concavidade voltada para cima?	$\Delta = 0$	c < 0?
O x é igual a 1?	A soma das raízes é negativa?	O vértice está no eixo das ordenadas?

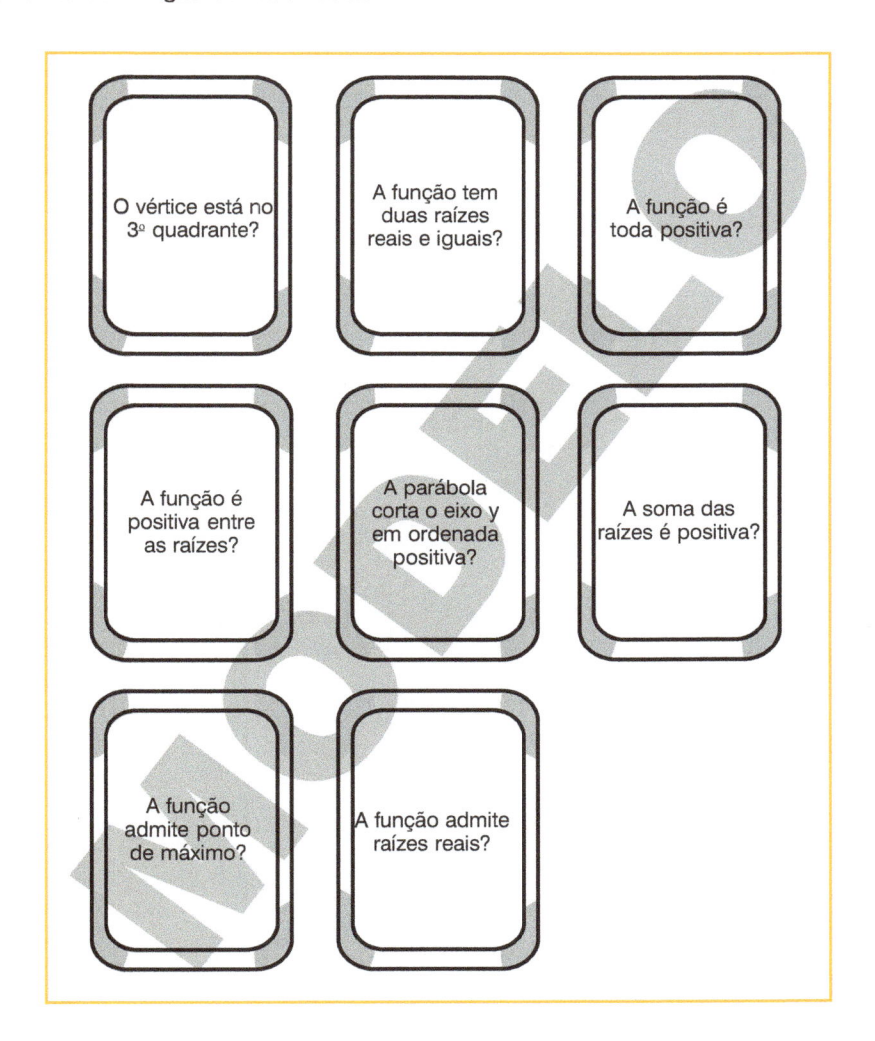

Ensino Médio – Jogos de Matemática

- O vértice está no 3º quadrante?
- A função tem duas raízes reais e iguais?
- A função é toda positiva?
- A função é positiva entre as raízes?
- A parábola corta o eixo y em ordenada positiva?
- A soma das raízes é positiva?
- A função admite ponto de máximo?
- A função admite raízes reais?

CARTAZETE

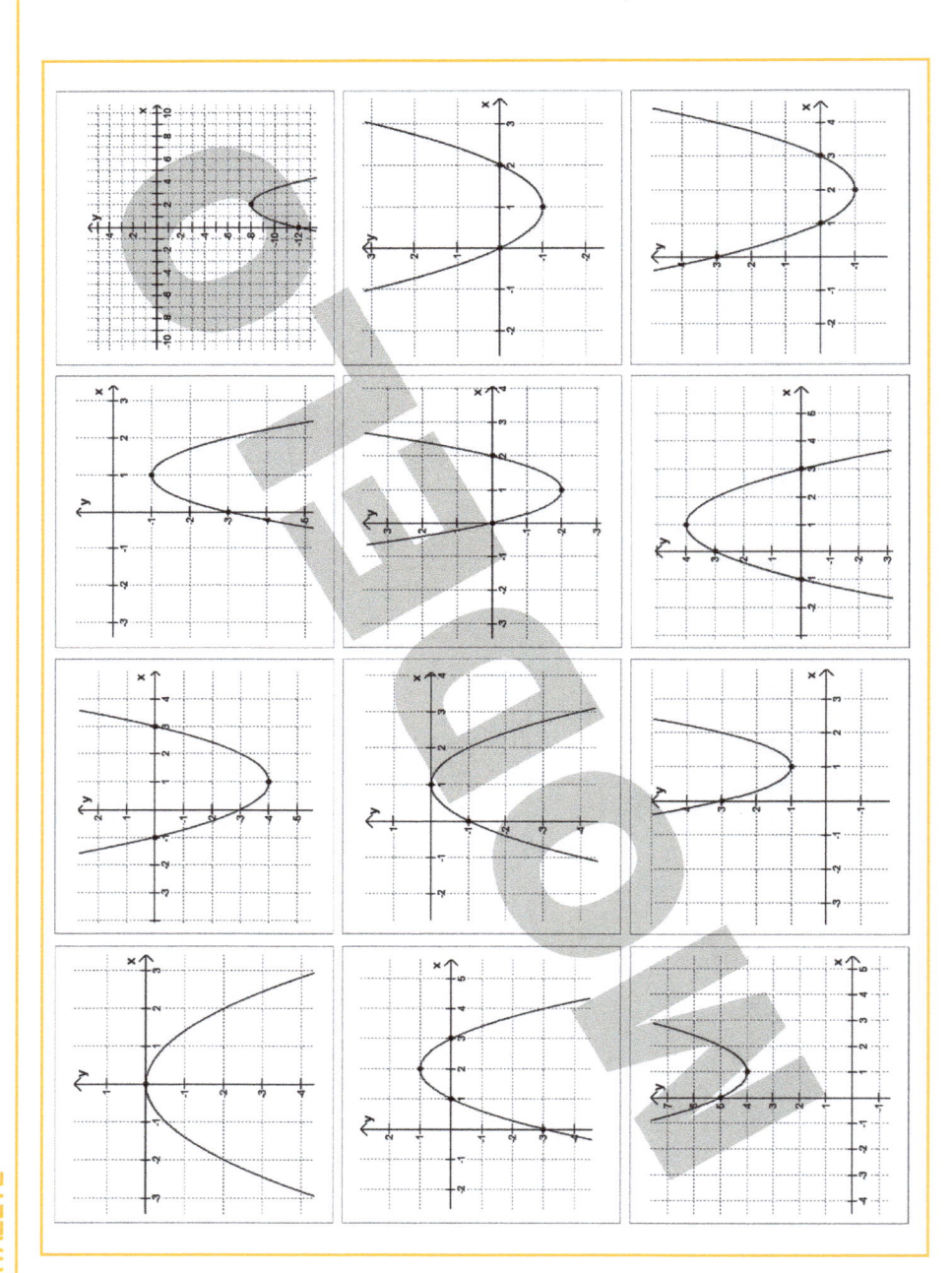

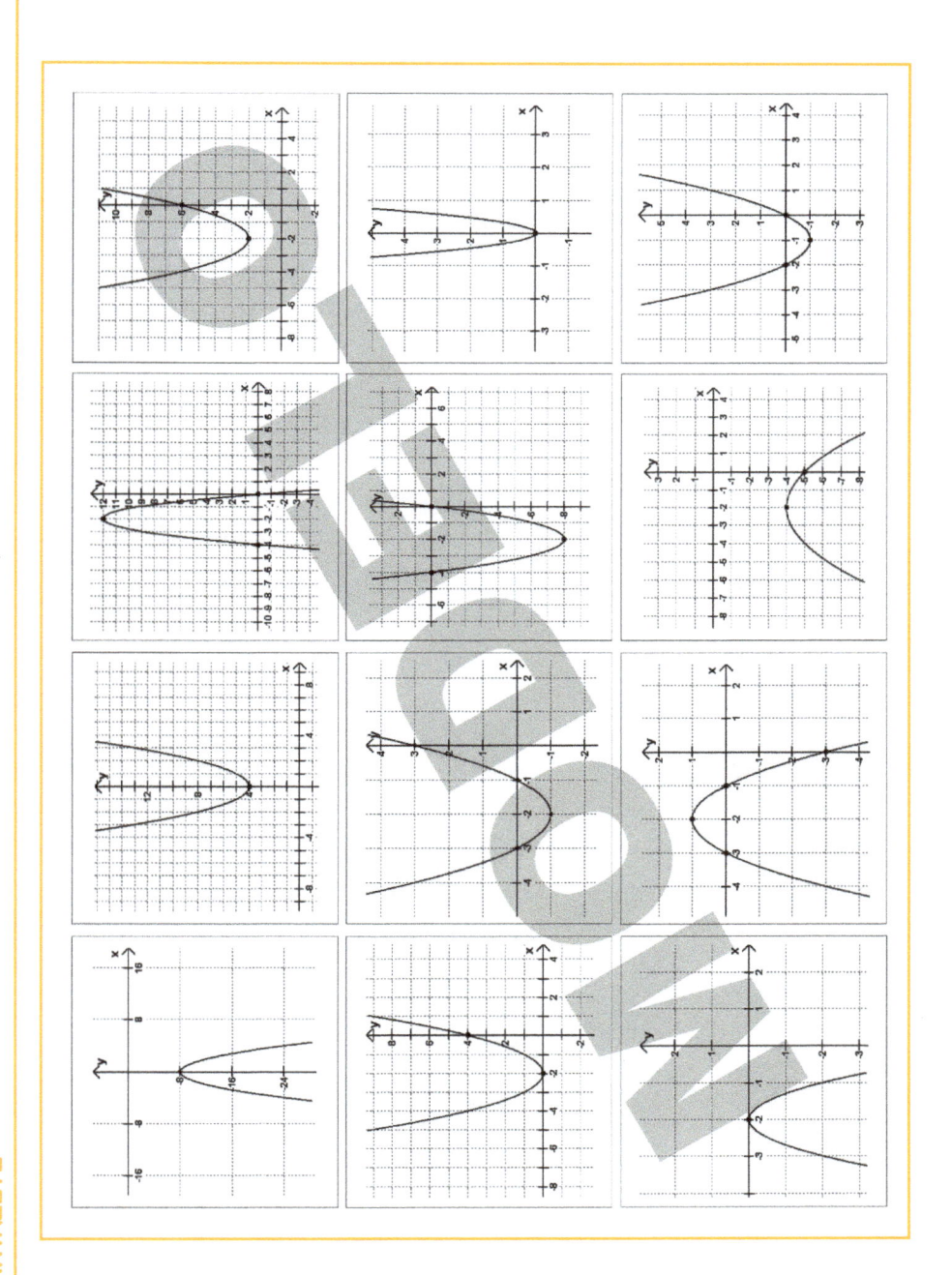

Ensino Médio – Jogos de Matemática

CARTAZETE

Família de Funções

E.M. 1º 2º 3º

Este jogo possibilita que os alunos identifiquem características de funções do 1º e 2º graus e da função constante, bem como trabalhem as habilidades de leitura e análise de gráficos.

Organização da classe: em trios.

Recursos necessários: 37 cartas com expressões algébricas de funções, esboços de gráficos, características das funções e 2 cartas com o termo FUNÇÃO.

ORIENTE SEUS ALUNOS QUANTO ÀS REGRAS

1. O objetivo do jogo é formar famílias de quatro cartas. Cada família é formada pela expressão algébrica da função, pelo esboço de seu gráfico e por duas outras cartas que contêm propriedades da função, a saber: pontos importantes do gráfico, comportamento do sinal da função. É possível formar, no máximo, dez famílias.
2. Embaralham-se as cartas e coloca-se o baralho sobre a mesa, virado para baixo.
3. Um dos jogadores tira uma das cartas do baralho e a coloca sobre a mesa com a face virada para cima.
4. O próximo a jogar procede do mesmo modo.
5. Se a carta tirada por um dos jogadores pertence à mesma família de uma das cartas já viradas, coloca-se a carta retirada abaixo da carta de mesma família. Caso contrário, coloca-se a carta sobre a mesa sem aproximar de outras cartas

6. Se um dos jogadores colocar uma das cartas na família errada ele perde a vez de jogar, e essa carta é colocada no fim do baralho.
7. Se a carta tirada por um jogador for uma carta FUNÇÃO, ele poderá utilizá-la em qualquer momento do jogo para formar uma família.
8. O jogo termina quando não for possível formar mais famílias.
9. Ganha o jogo quem tiver maior pontuação, de acordo com as seguintes regras:

◆ Sempre que um dos jogadores retirar uma carta que pertence à mesma família de uma das cartas da mesa, coloca a carta retirada ao lado da carta de mesma família e ganha 1 ponto.
◆ O jogador que completar uma das famílias ganha 5 pontos.

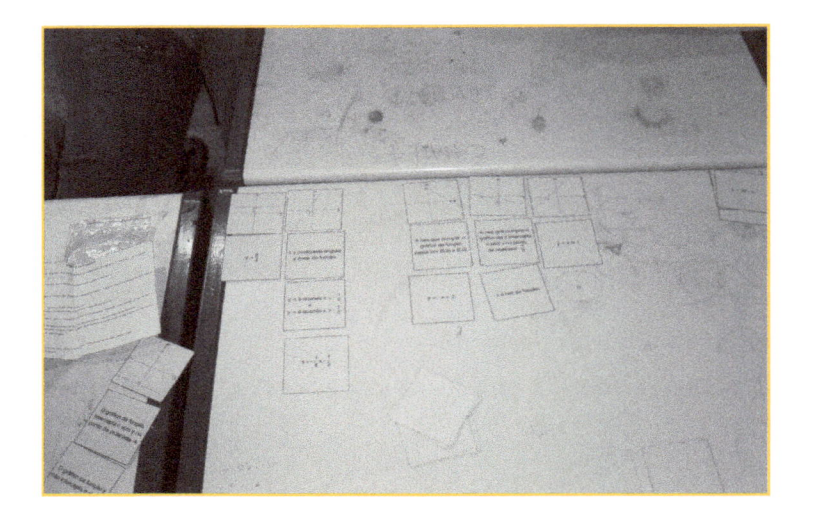

ALGUMAS EXPLORAÇÕES POSSÍVEIS

Trabalhe esse jogo quando seus alunos tiverem estudado os conceitos relacionados à função constante, afim e quadrática.

Algumas sugestões para apresentar o jogo: em grupo, os alunos leem as regras e jogam; você lê as regras com a classe, simula algumas situações de jogo, e depois deixa que joguem sozinhos; entrega aos grupos as cartas, propõe a análise e a escrita coletiva das regras para, em seguida, apresentá-las.

Se perceber que seus alunos não estão compreendendo como compor as famílias (gráfico, forma algébrica e duas características), peça que façam uma organização prévia das famílias para conhecer todas as cartas para depois realizar o jogo.

Após jogar algumas vezes com a classe, apresente alguns problemas para explorar melhor as características das funções envolvidas no jogo. Veja algumas sugestões:

Ensino Médio – Jogos de Matemática

1. Quais das características apresentadas a seguir estão relacionadas à função $f(x) = -x^2 + 2x - 1$?

   a) o gráfico da função intercepta o eixo y no ponto de ordenada -1;
   b) o gráfico de f(x) passa pelo ponto (-1, 0);
   c) a função f(x) é decrescente em $]-\infty, 1]$ e crescente em $[1, +\infty[$;
   d) a função possui concavidade para baixo.

2. Indique as cartas que fazem parte da mesma família que a carta a seguir:

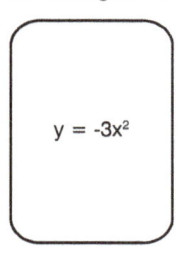

   $y = -3x^2$

3. Na sua vez de jogar, Rita observou a mesa e percebeu que faltava apenas uma carta para formar uma das famílias. Veja:

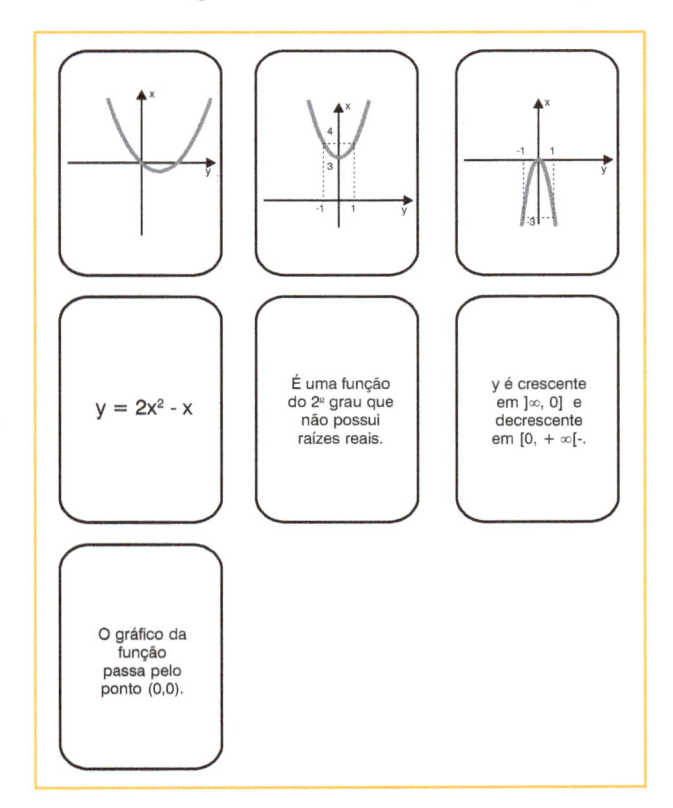

   $y = 2x^2 - x$

   É uma função do 2º grau que não possui raízes reais.

   y é crescente em $]\infty, 0]$ e decrescente em $[0, +\infty[$.

   O gráfico da função passa pelo ponto (0,0).

Rita conseguiria formar a família se retirasse do monte a carta:

> O gráfico intercepta o eixo y no ponto de ordenada zero.

COMUNICANDO A APRENDIZAGEM

Propor que os grupos criem novos problemas a partir do jogo e troquem-nos entre si para resolvê-los. É interessante aproveitar esse trabalho para discutir com os grupos a estrutura dos problemas criados, o tipo de problema e as formas de resolução.

CARTAS

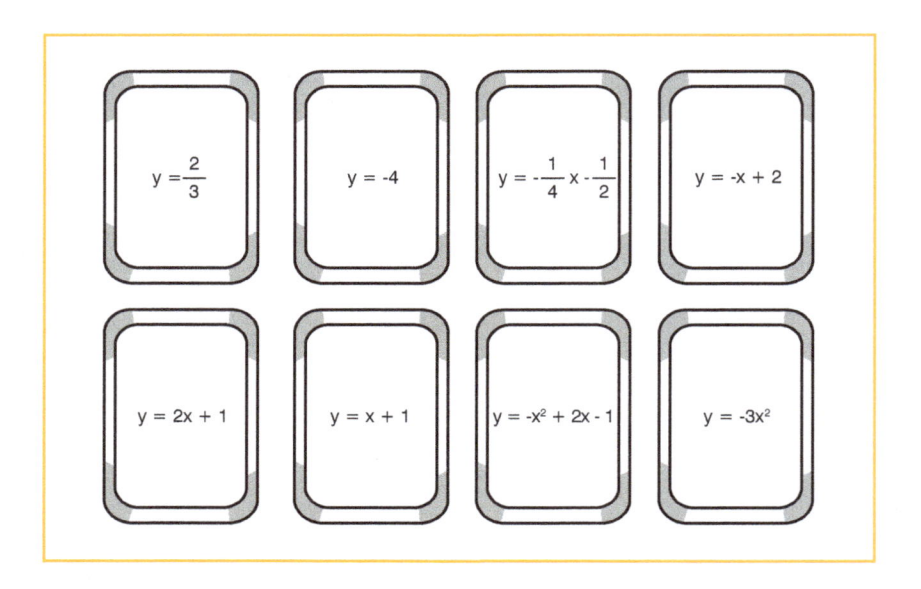

$y = \dfrac{2}{3}$

$y = -4$

$y = -\dfrac{1}{4}x - \dfrac{1}{2}$

$y = -x + 2$

$y = 2x + 1$

$y = x + 1$

$y = -x^2 + 2x - 1$

$y = -3x^2$

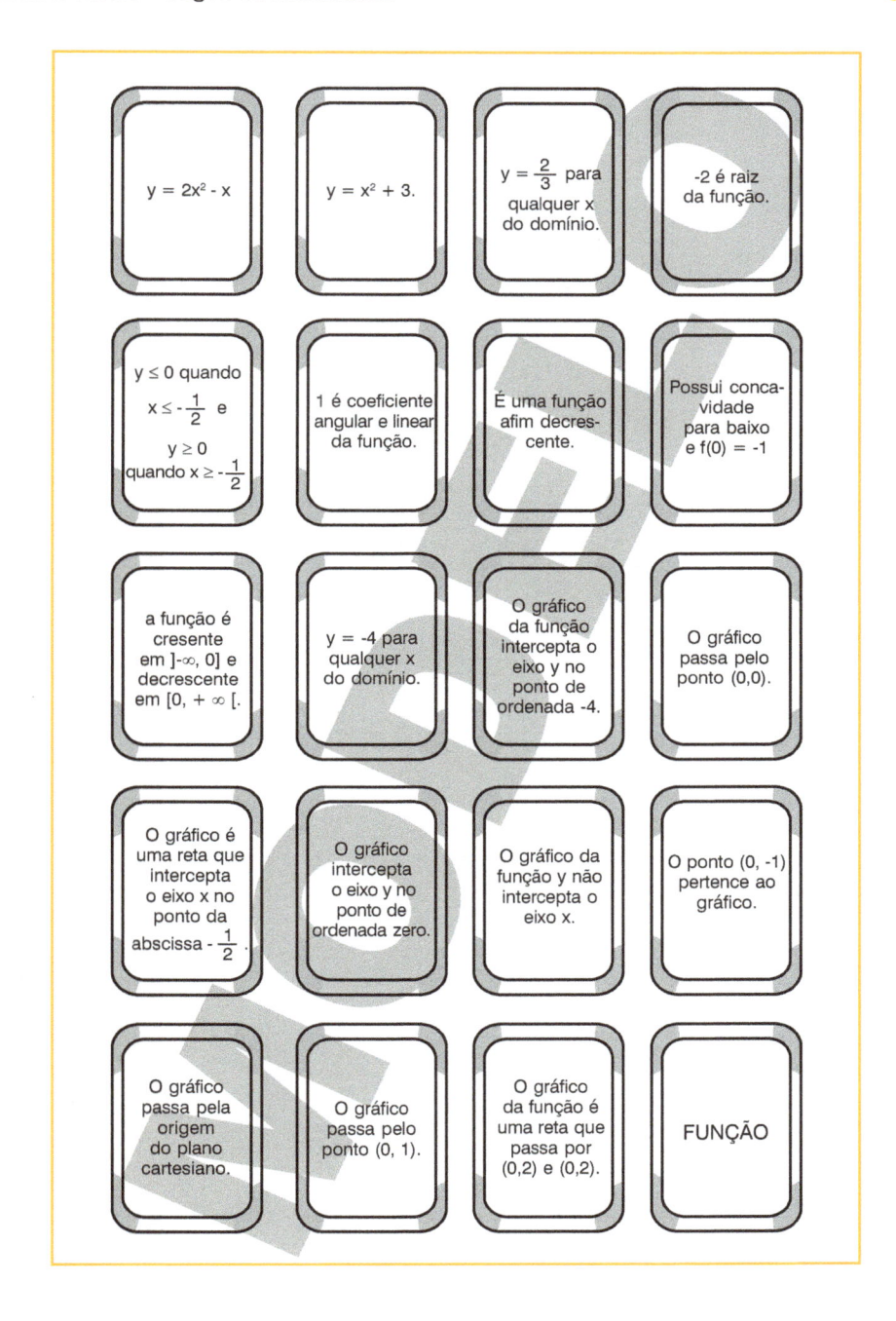

$y = 2x^2 - x$	$y = x^2 + 3$.	$y = \dfrac{2}{3}$ para qualquer x do domínio.	-2 é raiz da função.
$y \leq 0$ quando $x \leq -\dfrac{1}{2}$ e $y \geq 0$ quando $x \geq -\dfrac{1}{2}$	1 é coeficiente angular e linear da função.	É uma função afim decrescente.	Possui concavidade para baixo e $f(0) = -1$
a função é crescente em $]-\infty, 0]$ e decrescente em $[0, +\infty[$.	$y = -4$ para qualquer x do domínio.	O gráfico da função intercepta o eixo y no ponto de ordenada -4.	O gráfico passa pelo ponto (0,0).
O gráfico é uma reta que intercepta o eixo x no ponto da abscissa $-\dfrac{1}{2}$.	O gráfico intercepta o eixo y no ponto de ordenada zero.	O gráfico da função y não intercepta o eixo x.	O ponto (0, -1) pertence ao gráfico.
O gráfico passa pela origem do plano cartesiano.	O gráfico passa pelo ponto (0, 1).	O gráfico da função é uma reta que passa por (0,2) e (0,2).	FUNÇÃO

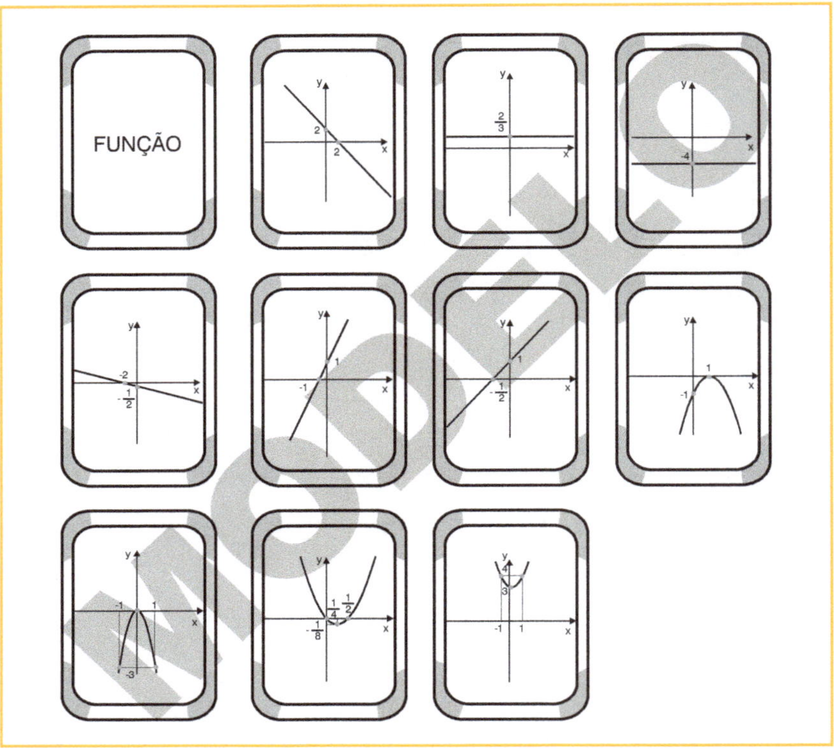
FUNÇÃO
MODELO

Passe ou Compre

O objetivo deste jogo é desenvolver estratégias de cálculo mental que envolvem a resolução de equações polinomiais, logarítmicas e exponenciais.

Organização da classe: em trios ou quartetos.

Recursos necessários: baralho de equações (21 cartas) na cor amarela, baralho de raízes (47 cartas) na cor azul e cartazete com todas as equações do jogo.

ORIENTE SEUS ALUNOS QUANTO ÀS REGRAS

1. Um jogador embaralha as cartas e forma dois montes: o das cartas amarelas e o das cartas azuis.
2. Cada jogador deve pegar três cartas do monte amarelo e quatro cartas do monte azul.
3. Inicialmente, cada jogador forma todos os pares ou trios com as cartas que recebeu e coloca à sua frente para que seus oponentes possam conferi-los. Um par corresponde a uma equação e uma de suas raízes ou à carta "sem solução", se for este o caso; um trio corresponde a uma equação e suas duas raízes. O jogador que tiver apenas um par pode tentar formar um trio nas próximas jogadas, não descartando o par.
4. Decide-se quem começa.
5. Cada jogador, na sua vez, pede para o seguinte a carta que desejar a fim de tentar formar um par ou um trio com as cartas da sua mão: pode ser uma equação ou uma carta numérica. Por exemplo, se o jogador quiser a carta com o cinco, ele diz: "Eu quero o 5".

    Se o colega tiver essa carta, ele deve entregá-la, e o jogador que a pediu deve formar o par ou o trio e colocar na mesa à sua frente. Se o colega não tiver essa carta ele diz: "Compre".
    O jogador deve pegar uma carta do monte azul, formar um par ou trio com as cartas da mão e colocá-lo à sua frente ou ficar com a carta em sua mão (nesse caso, ele passa a vez) e o jogo prossegue. Se a carta pedida for uma equação e o jogador tiver de comprar, deverá utilizar o monte amarelo.
6. O jogo termina quando todas as cartas dos montes forem retiradas, ou quando não for mais possível formar par ou trio.
7. Ganha o jogador que, ao final, conseguir o maior número de pontos de acordo com as seguintes regras de pontuação:

    Cada par (equação e uma raiz ou equação e a carta "sem solução") vale 1 ponto e cada trio (equação e suas duas raízes) vale 2 pontos.

ALGUMAS EXPLORAÇÕES POSSÍVEIS

Antes de propor esse jogo, é conveniente explorar as cartas. Solicite aos alunos que as relacionem com equações e suas respectivas raízes para que conheçam os pares ou trios que podem ser formados.

Você perceberá que, ao iniciar o jogo, os alunos só pensam em fazer pares. Após algumas jogadas, começam a perceber a vantagem de segurar um pouco mais as cartas para fazer trios. É interessante que você problematize situações nas quais os alunos percebam que, em determinados casos, é melhor retardar a apresentação das cartas para obter trios. Um exemplo é simular uma jogada na qual um dos alunos precise decidir se aguarda mais tempo para baixar suas cartas.

Ensino Médio – Jogos de Matemática

Após realizar o jogo algumas vezes, apresente aos alunos situações-problema a partir dele, como, por exemplo:

◆ Tina está com as seguintes cartas:

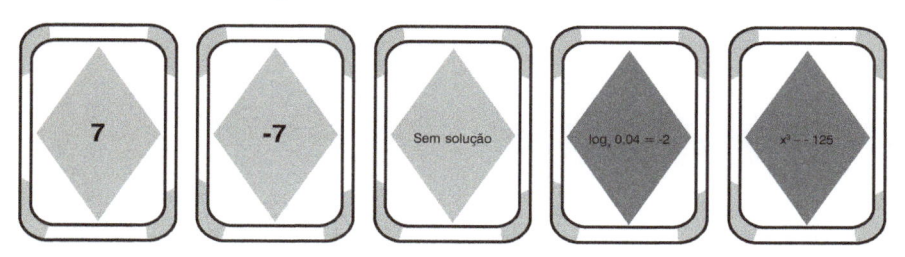

[Cartas: 7 | -7 | Sem solução | $\log_x 0{,}04 = -2$ | $x^3 = -125$]

Ajude Tina a decidir qual carta pedir ao próximo jogador. Justifique sua resposta.

◆ No início da partida, Luciano recebeu as seguintes cartas:

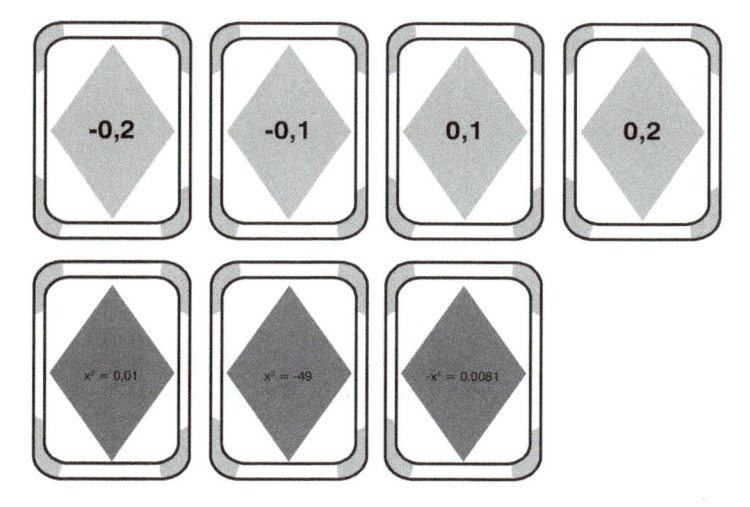

[Cartas: -0,2 | -0,1 | 0,1 | 0,2]

[Cartas: $x^2 = 0{,}01$ | $x^2 = -49$ | $-x^4 = 0{,}0081$]

Quais as melhores combinações que ele pode fazer? Por quê?

COMUNICANDO A APRENDIZAGEM

Para que os alunos demonstrem o que aprenderam com o jogo, pode-se:

1. Pedir uma produção de texto, como, por exemplo, uma carta contando a um amigo sobre o jogo e as aprendizagens a partir dele.
2. Solicitar a criação de problemas a partir do jogo.

VARIAÇÕES

À medida que os alunos avançam no estudo dos conteúdos do 1º ano, é possível sugerir que criem novas cartas que contenham raízes e equações, ampliando o número de cartas ou substituindo-as por outras.

CARTAS

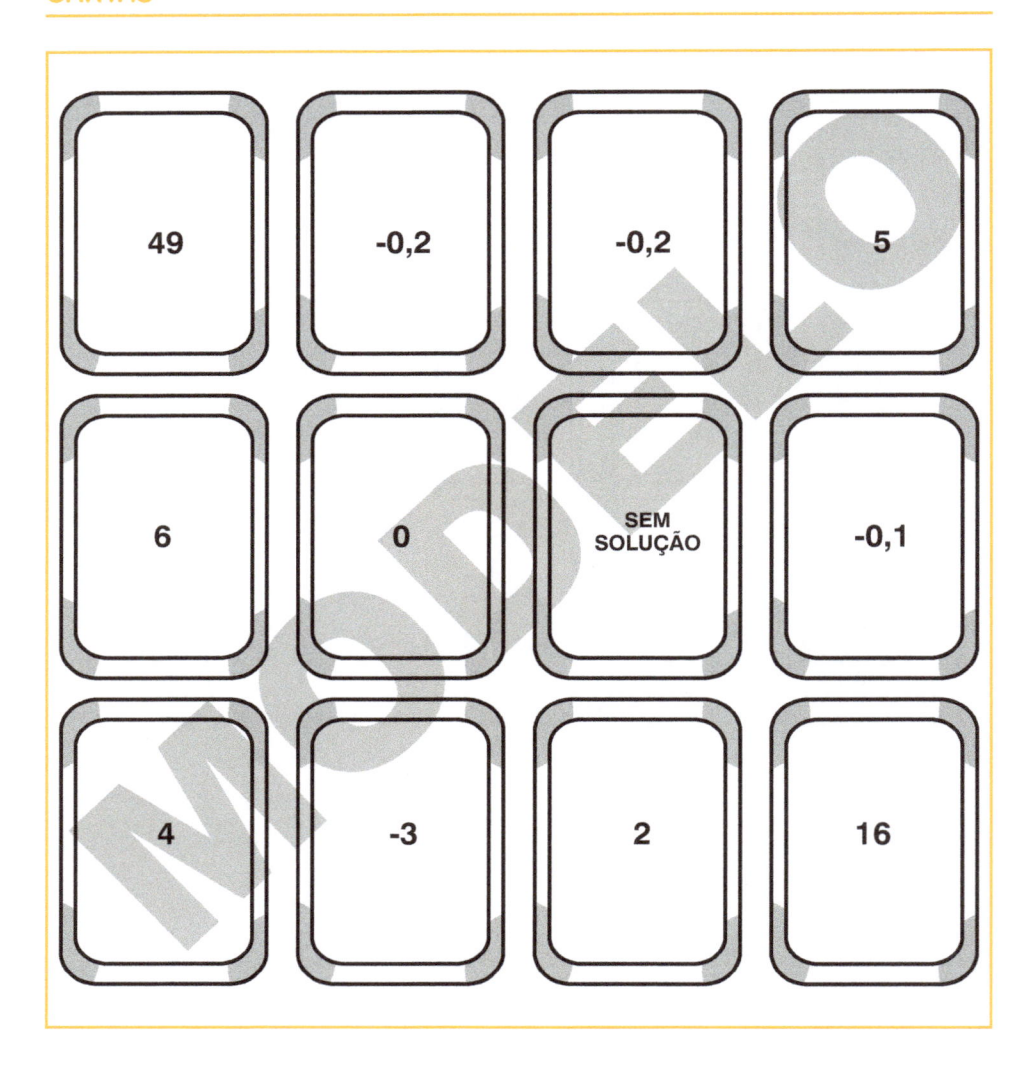

49	-0,2	-0,2	5
6	0	SEM SOLUÇÃO	-0,1
4	-3	2	16

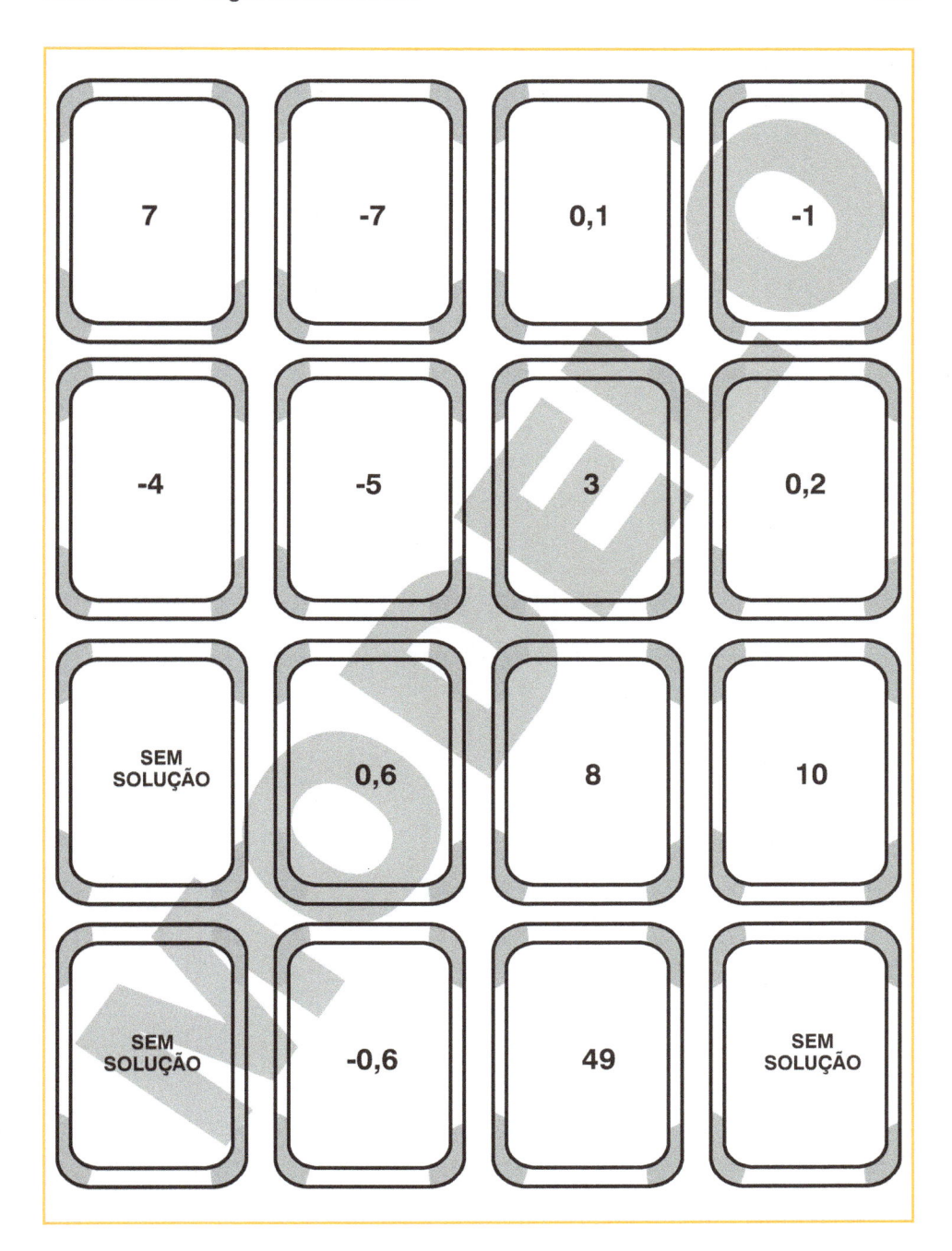

Ensino Médio – Jogos de Matemática

7	-7	0,1	-1
-4	-5	3	0,2
SEM SOLUÇÃO	0,6	8	10
SEM SOLUÇÃO	-0,6	49	SEM SOLUÇÃO

-2	5	6	0
-0,1	4	-3	2
7	-7	0,1	-1
-4	3	0,2	0,6

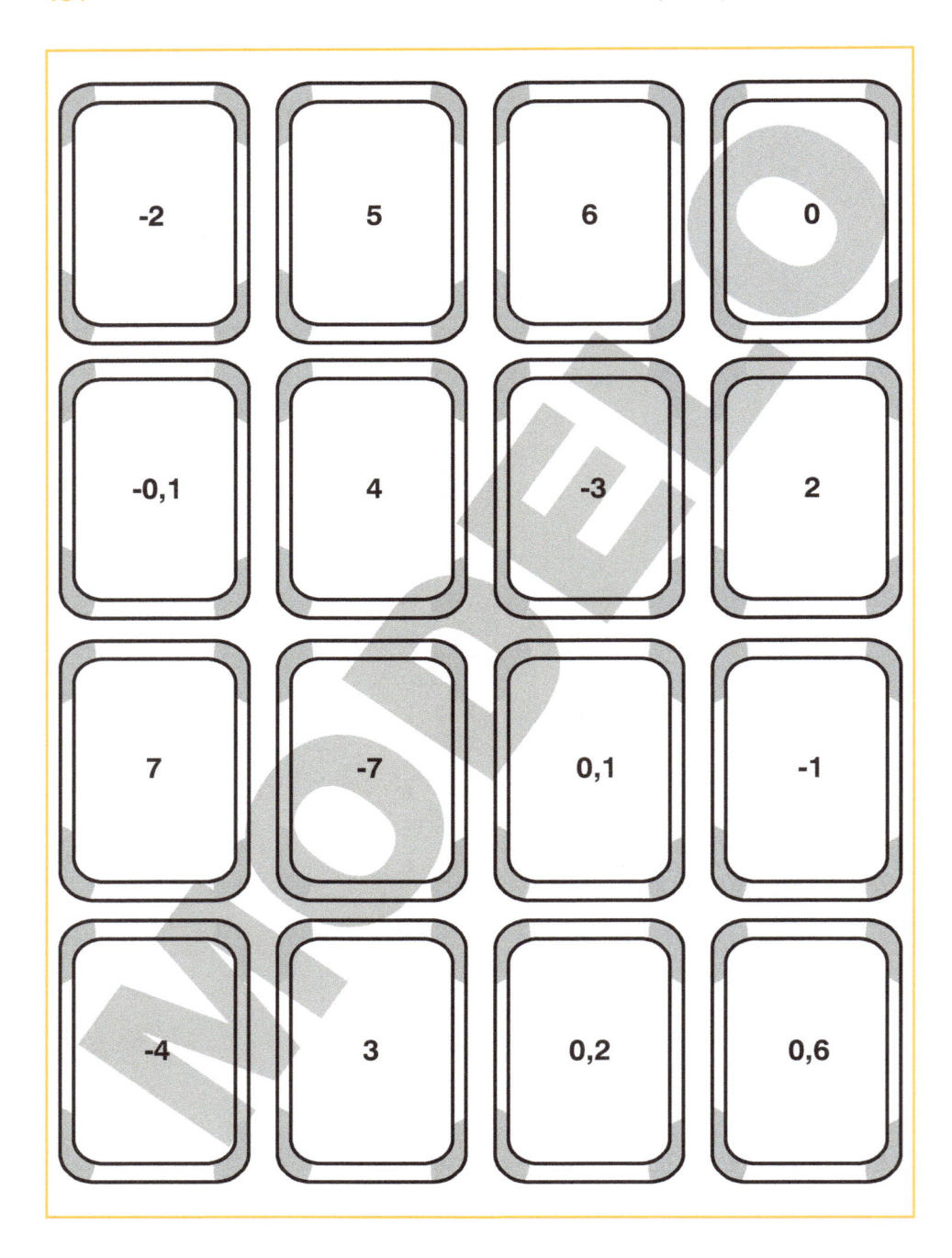

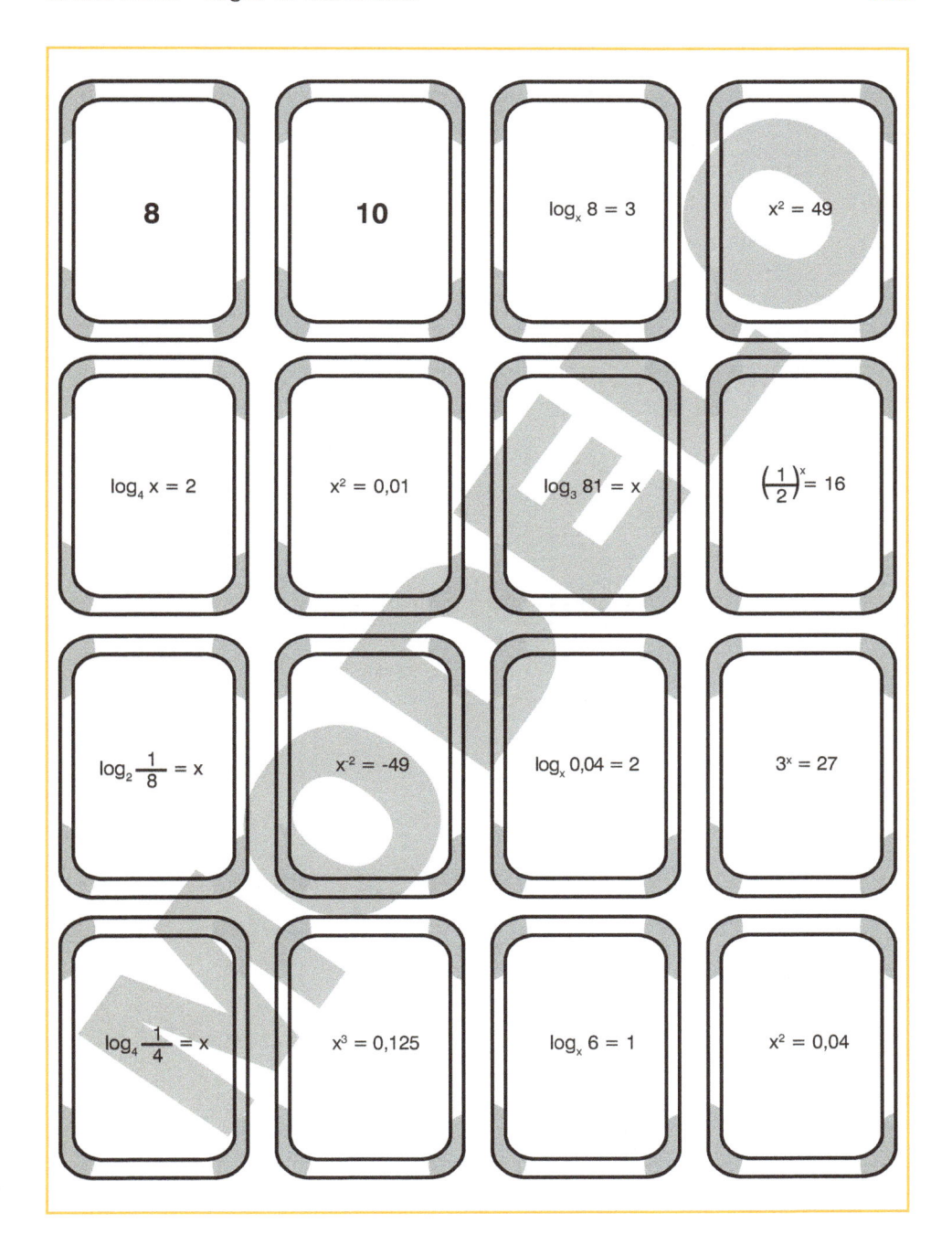

8	**10**	$\log_x 8 = 3$	$x^2 = 49$
$\log_4 x = 2$	$x^2 = 0{,}01$	$\log_3 81 = x$	$\left(\dfrac{1}{2}\right)^x = 16$
$\log_2 \dfrac{1}{8} = x$	$x^{-2} = -49$	$\log_x 0{,}04 = 2$	$3^x = 27$
$\log_4 \dfrac{1}{4} = x$	$x^3 = 0{,}125$	$\log_x 6 = 1$	$x^2 = 0{,}04$

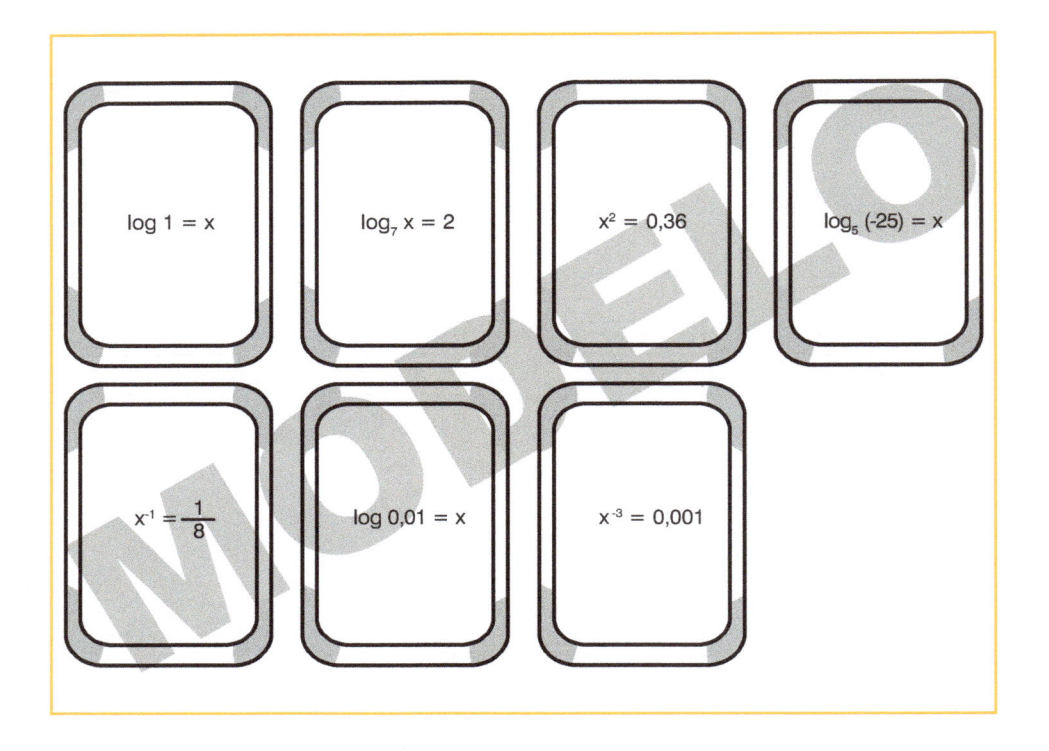

$\log 1 = x$

$\log_7 x = 2$

$x^2 = 0{,}36$

$\log_5 (-25) = x$

$x^{-1} = \dfrac{1}{8}$

$\log 0{,}01 = x$

$x^{-3} = 0{,}001$

Ficha de Equações

- $\log_x 8 = 3$
- $\log_4 x = 2$
- $\log_3 81 = x$
- $\log_2 \frac{1}{8} = x$
- $\log_4 \frac{1}{4} = x$
- $\log_x 6 = 1$
- $\log 1 = x$
- $\log_7 x = 2$
- $\log_5 (-25) = x$
- $\log 0,01 = x$
- $\log_x 0,04 = -2$

- $x^2 = 49$
- $x^2 = 0,01$
- $\left[\frac{1}{2}\right]^x = 16$
- $3^x = 27$
- $x^3 = 0,125$
- $x^2 = 0,04$
- $x^2 = 0,36$
- $x^{-1} = \frac{1}{8}$
- $x^{-3} = 0,001$
- $x^{-2} = -49$

A Elaboração de Jogos pelos Alunos

A elaboração de jogos pelos alunos é uma das atividades mais interessantes de se propor aos alunos do ensino médio, já que envolve a leitura, a interpretação, a produção de textos instrucionais (regras de jogo), a resolução de problemas e o desenvolvimento de conceitos e procedimentos relativos a diferentes temas matemáticos.

Desafiar os alunos a elaborarem seus próprios jogos permite-lhes aprofundar a compreensão de um conceito em especial, criar um contexto de resolução de problemas, exercitar os procedimentos matemáticos, perceber como se estrutura um jogo, organizar um trabalho em grupo, planejar, executar e avaliar as ações de uma sequência de atividades com determinado fim.

Elaborar um jogo constitui-se em uma atividade essencialmente matemática, bastante próxima a uma modelação, a uma simulação ou a resolução de um problema. Nessa atividade, os alunos aprendem a ter uma percepção mais global dos conteúdos e da integração entre eles, a fazer antecipações e planejamento, a realizar as ações de modo mais independente, a estar mais abertos às proposições e considerações dos demais, a buscar o consenso, a ser exigentes, a levar uma tarefa até o fim, a ter confiança em si, sabendo que podem planejar e realizar algo, a avaliar seu percurso, entre tantas outras coisas.

Para criarem os jogos, é importante que os alunos tenham vivenciado tal experiência nas aulas, dispondo, assim, de um certo conhecimento das regras e da estrutura de um jogo criado especialmente para a matemática. De modo geral, a proposta é feita após a abordagem de determinado tema com os alunos, que são organizados em grupos para elaborar jogos sobre esse conteúdo. Esse trabalho não é rápido e leva de dois a três meses para ser realizado. Vejamos algumas etapas prováveis para desenvolver um trabalho desse tipo.

UMA SEQUÊNCIA PARA A ELABORAÇÃO DE JOGOS

A elaboração de jogos com os alunos envolve o planejamento de uma sequência didática de tal forma que o jogo construído seja a etapa final de um processo, e não um fim em si mesmo. Nesse sentido, não se trata de uma sequência curta, pois exige muitas idas e vindas, a clareza das metas de ensino e aprendizagem e o envolvimento dos alunos em situações de planejamento e avaliação das ações e dos percursos por eles empreendidos.

Na etapa inicial, antes de propor que os alunos criem jogos, é recomendável que estabeleçamos na sala de aula um ambiente no qual eles convivam frequentemente com essa atividade, quer em situações mais livres, quer em outras mais dirigidas. Evidentemente, não podemos pedir a elaboração de jogos para alunos que não os conheçam.

Após apresentar-lhes a proposta de elaboraração de jogos e organizar os grupos, combinamos uma aula na qual eles tragam jogos que sejam conhecidos. Podem ser jogos comerciais, mas é aconselhável que também sejam trazidos jogos que já tenham sido feitos nas aulas de matemática. O interessante é que isso aconteça em uma aula dupla para que haja tempo de jogar e conhecer as regras dos jogos. Se for necessário, deve-se repetir a aula. Enquanto exploram os jogos, os alunos analisam as regras, verificam as semelhanças e diferenças entre cada tipo de jogo e começam a selecionar aqueles mais interessantes para o grupo.

Em uma segunda etapa, propomos que, em grupos, elaborem um jogo envolvendo o conteúdo que se deseja aprofundar ou um de livre escolha. Eles precisam pensar nas regras, no nome, e preparar o jogo para ser desenvolvido com outras pessoas. Nessa fase, é importante que se estabeleça quem jogará o jogo que foi criado, o tempo para a execução do projeto, os critérios de avaliação, a forma de trabalho etc. É possível permitir que eles elaborem o jogo fora das aulas de matemática, mas é importante que, a cada quinze dias, seja dedicada uma aula para que os alunos tragam o jogo e possam mostrar como estão trabalhando, que tipo de dificuldades ou dúvidas apresentam etc. Esse procedimento permite acompanhar o processo e fazer intervenções para orientar melhor os rumos do trabalho.

A partir do momento em que começam a planejar seu próprio jogo, os alunos precisam saber que não o farão para si mesmos ou para entregar ao professor. Acreditamos que, quando os alunos sabem que textos escritos por eles terão um interlocutor que desconhece o que fizeram, passam a ser muito mais cuidadosos, a se preocupar com a compreensão de suas ideias e com a clareza das informações que apresentam.

Na terceira etapa, antes de produzir um jogo em definitivo, é importante que façam um rascunho e uma primeira escrita das regras, jogando uns com os outros para experimentar. Para isso, uma aula é reservada, e os grupos jogam os jogos uns dos outros, deixando registradas as sugestões e as críticas sobre ele. Após essa etapa, é organizada uma roda de discussão na qual as impressões sobre o jogo são trocadas entre autores e jogadores para os acertos finais. Às vezes, dependendo da turma e das necessidades, esse processo é realizado mais de uma vez. Combina-se, então, um prazo para finalizar o jogo e jogá-lo com as pessoas para as quais ele foi planejado: colegas de classe, colegas de outras classes, pais, amigos etc.

Ensino Médio – Jogos de Matemática

A avaliação dessa proposta deve ser feita em processo. Primeiro, com o estabelecimento de critérios conhecidos por todos e depois, a partir desses critérios, a cada etapa os alunos devem avaliar a si mesmos, o grupo, a atuação do/a professor/a, a própria aprendizagem e os critérios que estabeleceram para avaliação. O mais importante não é a nota a ser atribuída pelo trabalho, mas sim todo o processo de revisão, acertos, modificação de comportamento e de conhecimento que a avaliação processual permite.

EXEMPLOS DE JOGOS ELABORADOS PELOS ALUNOS

Durante o ano letivo de 2005, foi proposta a utilização, pelos alunos da EE Professor Alberto Salotti na cidade de São Paulo, de jogos de matemática para desenvolver conteúdos estudados no 3º ano.

O principal objetivo da professora era o de utilizar o jogo como um recurso de ensino que possibilitasse aos alunos a mobilização de seus conhecimentos e o trabalho pela resolução de problemas. Cada jogo proposto foi bastante explorado. A turma tinha a possibilidade de aprender com a leitura das regras, com a estrutura do jogo e com o conteúdo matemático presente nele.

No último bimestre letivo, a professora propôs que os alunos elaborassem novos jogos, utilizando temas matemáticos do ensino médio já estudados e adotando como referência jogos que já conheciam, alguns trazidos por ela e outros comerciais.

A turma foi subdividida em pequenos grupos. Cada um decidiu o tema a ser abordado e o tipo de jogo a ser produzido. Durante todo o processo, a professora orientou-os quanto ao conteúdo e quanto à forma dos jogos.

Conheça, a seguir, alguns exemplos de jogos elaborados por alunos de 3º ano do ensino médio dessa escola pública.

Bombardeio matemático

Baseado no jogo *Batalha naval*, o grupo organizou o jogo colocando em cada posição do tabuleiro cartas com a expressão "Pense e responda" e cartas com o símbolo de uma bomba. Cada participante escolhe a posição e vira a carta. Somente aquele que virar a carta "Pense e responda" tem chance de obter pontos. Basta acertar a pergunta. Caso vire uma bomba, o jogador perde a vez. Ganha aquele que fizer o maior número de pontos. A sorte está lançada. Quem consegue responder ao maior número de perguntas corretamente?

Aprenda brincando

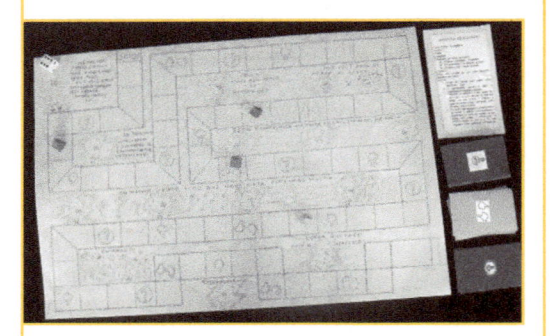

Este é um jogo de percurso cuja meta é vencer os obstáculos do caminho e atingir a chegada. Há obstáculos nos quais o jogador deve responder a uma pergunta, outros nos quais decide se a afirmação é verdadeira ou falsa e outros ainda nos quais arrisca a sorte tirando uma carta de sorte ou revés. Vamos ver quem chega primeiro?

Perfil matemático

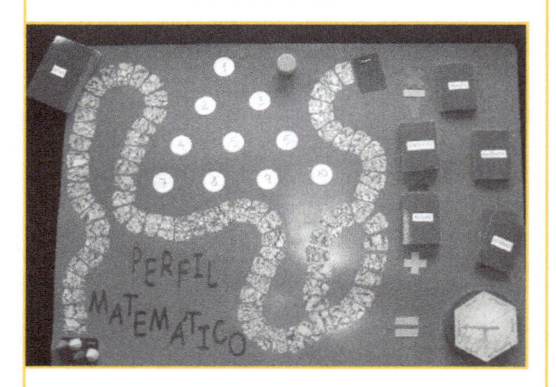

Esta é uma trilha diferente. Apesar de ter um percurso e o vencedor ser aquele que chega primeiro ao final, há variações bastante interessantes. A primeira delas é que, para avançar com o marcador, é necessário sortear um tema relacionado às operações fundamentais e responder à pergunta corretamente. Só então o jogador tem a chance de escolher uma dica para descobrir à qual sólido geométrico ela se refere. Há um total de dez dicas para cada sólido geométrico. Caso o jogador acerte o nome do sólido geométrico na quarta dica, por exemplo, o número de posições a avançar serão seis (número de dicas não utilizadas). O jogador que disser o nome do sólido e errar perde a vez.

Ensino Médio – Jogos de Matemática

Detemáticos

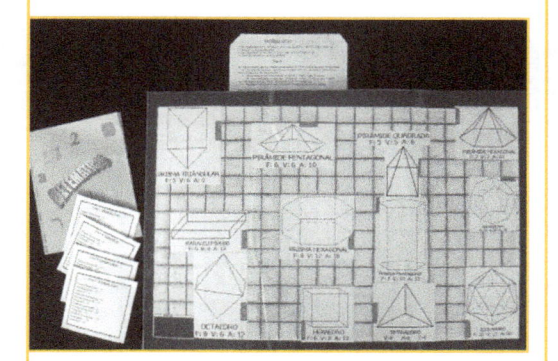

Baseado em um jogo comercial, *Detemáticos* relaciona os conhecimentos de geometria espacial à busca de pistas para desvendar qual é o poliedro oculto. As pistas são baseadas em propriedades e características de poliedros. Para obtê-las, o jogador movimenta-se pelo tabuleiro o mesmo número de posições que o valor obtido no dado e chega às casas em que constam a representação de alguns sólidos geométricos. Em cada casa, obterá uma pista diferente. Ganha o jogador que primeiro desvendar qual é o poliedro oculto.

Bingo geométrico

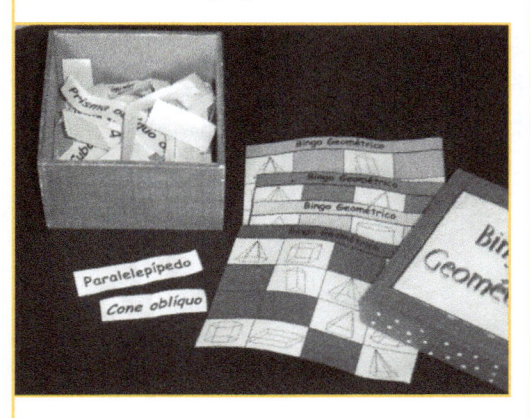

O objetivo deste jogo é marcar todos os poliedros da cartela. Quem canta o bingo, em vez de números, sorteia nomes de poliedros. No tabuleiro, o jogador conta com as representações dos poliedros. Por exemplo, se for cantado o nome "cubo", o jogador deverá identificar o sólido que representa o cubo (dado) e marcar.

A mania da geometria	
	Este jogo envolve dinheiro e conhecimentos de geometria espacial. Não basta apenas chegar ao final da trilha; é preciso responder corretamente às perguntas para acumular a maior quantidade de dinheiro. Durante todo o percurso, é necessário responder às perguntas. Respostas corretas representam ganho de dinheiro e posições a avançar, enquanto respostas incorretas representam pagamento e posições a recuar.
Percurso	
	Como o nome revela, este é um jogo de trilha no qual os participantes precisam jogar o dado, responder à pergunta correspondente à cor da posição em que se encontram e avançar caso acertem ou recuar caso errem a pergunta. Como em um jogo de trilha tradicional, ganha quem chegar primeiro ao final do percurso.

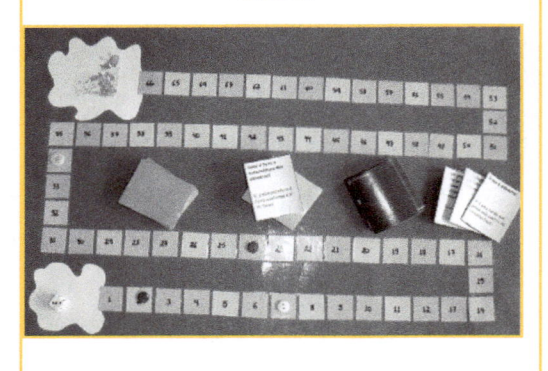

Realizadas todas as etapas, foram nítidos o envolvimento dos alunos, o quanto se encantaram com o projeto e, especialmente, a evolução na aprendizagem matemática de todos.

Referências

ABRANTES, P; LEAL, L.C.; PONTE, J.P. et AL. *Investigar para aprender matemática*. Lisboa: Associação de Professores de Matemática, 1996.

BORIN, J. *Jogos e resolução de problemas*: uma estratégia para as aulas de matemática. São Paulo: CAEM/IME-USP, 1998.

BROURGÈRE, G. *Jogo e educação*. Porto Alegre: Artmed, 1995.

BRASIL. MINISTÉRIO DA EDUCAÇÃO. Secretaria de Educação Média e Tecnológica. Parâmetros Curriculares do Ensino Médio: ciências da natureza, matemática e suas tecnologias. Brasília: MEC; SEMTEC, 1999.

BRASIL. MINISTÉRIO DA EDUCAÇÃO. Secretaria de Educação Média e Tecnológica. PCN+ Ensino Médio: orientações educacionais complementares aos Parâmetros Curriculares Nacionais. Brasília: MEC; SEMTEC, 2002.

CHACÓN, I.M.G. *Matemática Emocional*: os afetos na aprendizagem matemática. Porto Alegre: Artmed, 2003.

CLEMENTS, D.H.; BATISTA, M.T. Geometry and Spacial Reasoning. In: *Handbook of Research on mathematics teaching and learnin*. Reston: NCTM, 1992. p. 420-464.

CORBALÁN, F. *Juegos matemáticos para secundária y bachillerato*. Madrid: Editorial Sínteses, 1999.

COXFORD, A.F.; SHULTE, A.P. et al. *As ideias da álgebra*. São Paulo: Atual, 1994.

CUOCO, A.A.; CURCIO, F.R. et al. *The roles of representation in school Mathematics*. Reston: NCTM, 2001 Yearbook.

GARDNER, H. *Inteligências múltiplas a teoria na prática*. Porto Alegre: Artmed, 1995.

HOFFER, A. Geometria é mais que prova. *Mathematics Teacher*, v.74, p.11-18, jan. 1981.

ISHIHARA, C.A.; PESSOA, N.A. *Matemática para o ensino médio*. São Paulo: Rede Salesiana de Escolas, 2004. 3 v.

KAMII, C.; DEVRIES, R. *Jogos em grupo na educação infantil*. São Paulo: Trajetória Cultural, 1991.

KRULIK, S.; REYES, R.E. et al. *A resolução de problemas na matemática escolar*. São Paulo: Atual, 1997.

KRULIK, S.; RUDINICK, J.A. Strategy gaming and problem solving- an instructional pair whose time has come!. *Arithmetic Teacher*, n.31, p. 26-29, abr. 1983.

KRULIK, S. Problems, problem solving and strategy games. In: *Activities for junior high school and middle school mathematics*. Reston: NCTM, 1991. p 190-193.

LINDIQUIST, M.M.; SHULTE, A.P. et al. *Aprendendo e ensinando geometria*. São Paulo: Atual, 1994.

MURCIA, J.A.M. et al. *Aprendizagem através do jogo*. Porto Alegre: Artmed, 2005.

NEVES, I.C.B.; SOUZA, J.V. et al. *Ler e escrever, compromisso de todas as áreas*. Porto Alegre: Editora da UFRGS, 2000.

PERRENOUD, P. *Construir as competências desde a escola*. Porto Alegre: Artmed, 1999.

PIMM, D. *El lenguaje matemático en el aula*. Madrid: ediciones Morata, 1990.

PIRES, C.M.C. *Currículos de matemática: da organização linear à ideia de rede*. São Paulo: FTD, 2000.

POZO, J.I. et al. *A solução de problemas*. Porto Alegre: Artmed, 1998.

SÁ, A.J.C. *A aprendizagem matemática e o jogo*. Lisboa: Associação de Professores de Matemática, 1995.

SACRISTÁN, J.G.; GÓMEZ, A I. *Comprender e transformar o ensino*. Porto Alegre: Artmed, 1998.

SMITH, S.E.Jr.; BACKAMN, C.A. et al. *Games and puzzles for elementary and middle school mathematics*: Readings from the arithmetic teacher. Reston: NCTM, 1997.

SMOLE, K.S.; DINIZ, M.I. et al. *Ler, escrever e resolver problemas*: habilidades básicas para aprender matemática. Porto Alegre: Artmed, 2000.

SMOLE, K.C.S.; DINIZ, M.I.V.S. *Matemática ensino médio*. São Paulo: Saraiva, 2004. 3 v.

USISKIN, Z. Resolvendo os dilemas permanentes da geometria escolar. In FINDQUIST, M.M.; SHULTE, A.P. et al. *Aprendendo e ensinando geometria*. São Paulo: Atual, 1994.